地球之歌

IL ÉTAIT UNE FOIS LA TERRE

LA PETITE HISTOIRE ET LES MYSTÈRES DE NOTRE PLANÈTE

手绘46亿年的奇迹

［法］皮埃里克·格拉维乌　　［法］埃里克·奥塞纳 —— 著

［法］塞尔日·布洛克 —— 绘　　戴童 —— 译

人民邮电出版社

北京

图书在版编目（CIP）数据

地球之歌：手绘46亿年的奇迹 /（法）皮埃里克·格拉维乌，（法）埃里克·奥塞纳著 ；（法）塞尔日·布洛克绘 ；戴童译. -- 北京 ：人民邮电出版社，2025.（图灵新知）. -- ISBN 978-7-115-66157-9

Ⅰ. P-49

中国国家版本馆CIP数据核字第2025DH1098号

内 容 提 要

地球诞生以前，宇宙是什么样子的？地球诞生以后，生命又是如何来到世上的？本书图文并茂，通过51个主题，介绍了地球自诞生以来长达46亿年的漫长历史和变迁过程，内容涵盖天文、地理、地质、生物、人类等领域，解答关于地球的诸多谜题。本书不仅能够帮助我们了解火山、地震、气候、元素、板块构造、地质变化、生命演变等众多科学知识，也将带领我们回顾地球的历史，探索生命的起源，重新思考宇宙的命运。

◆ 著 [法] 皮埃里克·格拉维乌
        [法] 埃里克·奥塞纳
   绘 [法] 塞尔日·布洛克
   译 戴 童
   责任编辑 赵晓蕊
   责任印制 胡 南

◆ 人民邮电出版社出版发行 北京市丰台区成寿寺路11号
   邮编 100164 电子邮件 315@ptpress.com.cn
   网址 https://www.ptpress.com.cn
   文畅阁印刷有限公司印刷

◆ 开本：720×960 1/16
   印张：13 2025年5月第1版
   字数：113千字 2025年5月河北第1次印刷
   著作权合同登记号 图字：01-2024-2017号

定价：119.00元
读者服务热线：(010)84084456-6009 印装质量热线：(010)81055316
反盗版热线：(010)81055315

时间，是大自然最伟大的建造者。

——乔治·路易·勒克莱尔，布丰伯爵，1756 年

目录

万物起源 ……………… 1

一颗新星 ……………… 5

恐怖开篇 ……………… 9

矿物初现 ……………… 14

岩浆，岩浆 ……………… 16

台球游戏 ……………… 20

面目全非 ……………… 24

一桩喜事 ……………… 27

深渊信使 ……………… 31

水落石出 ……………… 34

拼图谜题 ……………… 37

从山到海 ……………… 40

改朝换代 ……………… 44

化学袭击 ……………… 47

连环冰期 ……………… 51

吸口氧气 ……………… 54

大胆创新 ……………… 56

法国往事 ……………… 61

大陆漂移 ……………… 65

新的乐子 ……………… 67

神力造山 ……………… 69

实验机密 ……………… 72

视觉狩猎 ……………… 75

生态巨缸 ……………… 79

走出水域 ……………… 82

生命胶囊 ……………… 85

地狱之门 ……………… 90

赤道森林 ……………… 94

红色时尚 ……………… 97

死地求生 ……………… 100

穿越沙漠 ……………… 102

新人登场 ……………… 104

花边新闻 ……………… 108

生活场景 ……………… 110

展羽飞行 ……………… 116

蜂舞花丛 ……………… 118

爬行天下 ……………… 121

游小人国 ……………… 123

海洋墓地 ……………… 127

世界新知 ……………… 129

适者生存 ……………… 134

生命复兴 ……………… 137

连锁碰撞 ……………… 140

沟壑纵横 ……………… 144

走出森林 ……………… 147

异类火山 ……………… 150

双足怪兽 ……………… 154

冰河时代 ……………… 157

奇观竞秀 ……………… 161

大地震怒 ……………… 163

此后世界 ……………… 169

一些有助于理解本书内容
的知识点 ……………… 173

　矿物和岩石 ……………… 173

　沉积岩 ……………… 174

　岩浆岩 ……………… 175

　变质岩 ……………… 177

　板块构造学说 ……………… 179

　生命的"砖块" ……………… 184

　气候变化 ……………… 186

　地质年代 ……………… 189

致谢 ……………… 194

参考文献 ……………… 198

万物起源

我们要讲地球的故事了[①]：在很久很久以前，甚至在地球出现以前。

要想彻底了解这颗星球的非凡历史，我们必须回溯宇宙的起源、物质的起源。物质构成了土壤、水、空气、植物、动物，构成了这本书所用的纸张，也构成了它的作者和读者。

这是一个美丽的故事，它有着最古老的渊源，是人类所有故事的母亲。快系好安全带！这场旅行会把我们带到遥远的地方，从无穷大到无穷小，从远古到眼前。故事始于 138 亿年前——大爆炸发生的那一刻，大爆炸至今仍然是一个神秘的事件。在这以前，宇宙是什么样的，发生过什么事，没人真正知道。但就在大爆炸发生后的几秒，世界的原初物质出现了。它们如同一个个基础砖块，迅速"搭建"成第一批粒子：质子、

[①] 书中各个主题不是严格按照时间顺序写作的，部分章节的时间线有所交叉。

——译者注

1

中子、电子、光子和其他粒子。

从这一刻起，宇宙不断膨胀。然后，宇宙变成了一锅浓稠的汤，充满了被称为等离子体的物质。在那里，温度达到数十亿摄氏度，粒子朝着四面八方乱窜，相互交错，相互排斥，相互吸引，相互碰撞，就是难以稳定下来。这个令人不安的宇宙昏暗而不透明，沉浸在浓雾中——问题就出在光子上，这些正在形成中的光子与电子嬉戏打闹，玩得正开心，无法从这无比滚烫的浓雾中跳脱出来。

宇宙继续膨胀。它的整体温度终于下降到 10 000 ℃ 以下，此时，电子就能与质子结合，形成第一个氢原子。光子也独立出来，在宇宙中无拘无束地旅行，照亮宇宙的各个角落。自大爆炸算起，这时才过去了 38 万年。多亏了这种全新的光，我们终于能看到宇宙的第一幅图像了。这幅图像显示，宇宙已经变得非常不均匀，包含着许多团块，物质在引力的作用下聚集在团块里。

正是在这些团块的中心，局部温度可能超过 100 万摄氏度，热核聚变反应一触即发。在这个过程中，原子核越来越大、越来越重。热核聚变还会释放巨大的能量，第一颗恒星诞生了，而恒星的中心是孕育构成物质的大部分元素的摇篮。在恒星面前，人类史上最伟大的炼金术士也会黯然失色……

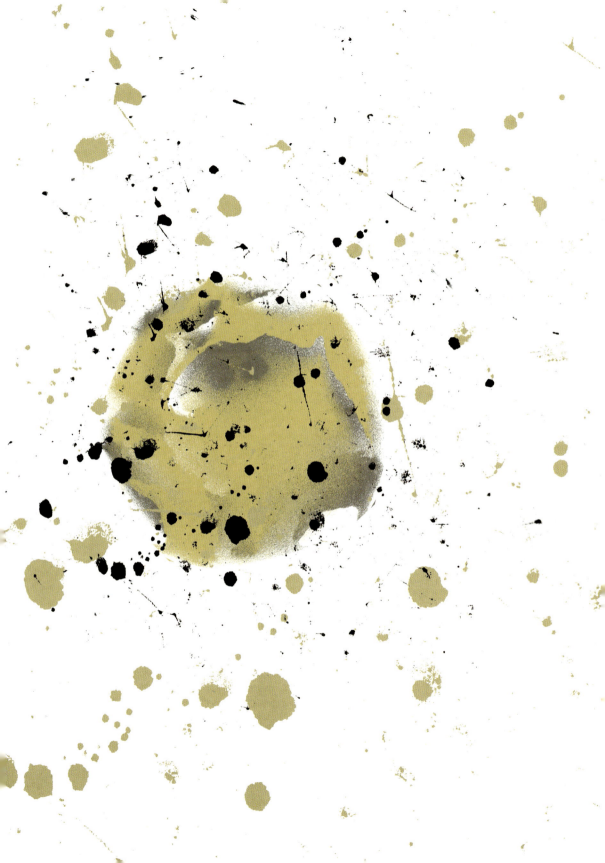

一颗新星

大爆炸发生 2 亿年后，数十亿颗恒星在宇宙中发着光。在引力的作用下，它们聚集在一起，形成星系。

在诸多星系中，有一个值得我们特别关注——没错，是银河系，我们的银河系。运气好的话，我们可以在没有月光的夜晚看到一条宽阔、明艳的丝带越过头顶，穿过夜空。但银河系实际是旋涡状的，有多条旋臂，其中一条旋臂里藏着我们的太阳。事实上，在大约 46 亿年前，我们的故事就已经在这里开始了：一片由氢和氦组成的巨大气体云不断坍缩，变得更稠密、更热；此后大约 5000 万年，它的高温足以触发第一次热核聚变，一颗恒星诞生了。太阳万岁！

当年，这颗年轻的恒星只能怯生生地闪耀着，身边围绕着一个旋转着的圆盘，其中的碎片逐渐融合，产生了"行星胚胎"。质量最大、离太阳较远的"行星胚胎"通过引力吸引了大量的凝结气体，并用几百万年的时间形成了巨行星：木星和土星基本是气态的，而天王星和海王星有着坚实的含冰的内核。

同时，离太阳近得多的"行星胚胎"沿着极不稳定的轨道疯狂地运行着。这些轨道经常发生交叉，在一条条不受基本"驾驶规则"约束的巨大赛道上，碰撞不可避免，而且往往非常猛烈。尘埃和小岩石碎片不断碰撞，一点点聚集在一起，变成"火球"，而这些"火球"也会相互聚集。几千万年后，这样的"火球"仅剩下4个，在摆脱了大部分残余碎片的轨道上逐渐稳定下来。它们成了岩质行星：水星、金星、我们的地球和火星。行星继续绕着太阳运行，根本不在乎自己的速度有多疯狂。

最终，太阳系总共有了8颗行星，它们可以被小行星带划分成两组：4颗离太阳相对较近的小型岩质行星，以及4颗离太阳远得多的巨行星（有些是气态的）。这份清单曾经还包括冥王星，但它后来被证明是一颗矮行星。此外，在海王星外的一条由岩石和冰构成的带状区域①里，还有阋神星及其他矮行星。噢，别忘了彗星。这些彗核直径可达几千米的迷人星体沿着超长的轨道运行。它们部分由冰核组成，当经过太阳附近时，冰核就会升华。彗星绕啊绕，有时会带着一头闪亮的秀发划过我

---

① 即柯伊伯带。——译者注

们的天空。这也许是为了提醒我们，它们也见证了太阳系的最初时刻：彗星隐藏着关于太阳系起源的秘密。

地球貌似在太阳系中找到了自己的最终位置，但还远远没有表现出我们今天所知道的种种特征。这是因为，尽管这颗行星已经在金星和火星的轨道之间，即距离太阳约 1.5 亿千米的地方围绕着太阳运行，但它仍然非常不稳定。在这之后，它开始像陀螺一般优雅地自转起来，白天与黑夜交替的速度是今天的 4 倍……如此说来，人类凭什么说，在今天这个时代，一切都在以越来越快的速度发展呢？

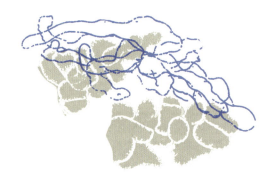

恐怖开篇

地球——我们的这颗由宇宙尘和星体碎片构成的年轻星球，不断被众多大小不一的天体"轰炸"。撞击产生的热能相当大，铀和钍等放射性元素衰变所产生的热量进一步增加。自地球诞生以来，这些放射性元素就天然地存在于地球的内部。

地球开始"熔化"，表面很快被深邃得令人目眩的"海洋"占据。这片海洋非同一般，它不是由水构成的，而是由一种黏稠、发光、燃烧着的物质组成的：这是一种熔岩，温度甚至高达 2000℃——我们实在不建议大家去那里游泳。这真是地狱之景！

在这片熔岩海洋的中心，一种富含铁并含有一定量镍的液体独立了出来，之后由于密度大而聚集在地心。这种液体形成了一个"核"，核内逐渐结晶成一个固态的中心球体，周围还有一层活动的外壳。那里产生了电流，继而形成磁场。磁场让这颗星球免受宇宙射线的影响，并在往后的日子里保护了地球上的生命。假如没有像发电机一样运作的地核，假如没有磁场无时无刻的保护，我们今天可能就不会在这里了。

突然，一个体形大得多的天体撞击了地球——是忒伊亚[①]！它的大小与火星相当，这次撞击的剧烈程度超乎想象。这次相遇的结局是一次大融合。无数碎片被从两位主角身上撕下来，飞溅到太空中。在地球引力的作用下，碎片大多停留在一条固定轨道上，逐渐聚成一个新的天体。月球诞生了。这颗独特的卫星，是地球与神秘旅行者忒伊亚的一场略显粗暴的相遇的结晶。我们必须谢谢月亮！多亏了它，地球的旋转轴才发生了轻微偏转，地球逐渐减慢了旋转速度；月亮还装饰了我们的夜空，为诗人和恋人带来了无尽遐想和憧憬。天堂，原来可以从地狱中诞生……

与此同时，地球表面的温度开始下降，第一批矿物在熔岩海洋中形成，其中密度较大的矿物下沉到海底，如橄榄石、辉石和石榴石；而密度较小的矿物在熔岩海洋表面形成了第一层地壳。到目前为止，这层地壳还没有被发现，但根据大多数研究人员的说法，它很可能由玄武岩类的火山岩组成，富含滑石或蛇纹石等水合矿物。这样一来，缓慢冷却的熔岩海洋从底部

---

① 在古希腊神话中，忒伊亚（Theia）是天空之神乌拉诺斯和大地女神盖娅的女儿，也是太阳神赫利俄斯、月亮女神赛琳和黎明女神厄俄斯的母亲，因此这颗创造月球的天体被命名为忒伊亚。

和顶部逐渐凝固，形成了地幔。直到今天，地幔仍然包裹着地核。这件"外套"很热，而且是由固态物质制成的，但它居然能流动。在极其缓慢的对流运动的驱使下，地幔带动其上的地壳一起运动。

在地球表面，热量会随着大量的火山喷发而消散。火山就是阀门，不断喷出岩浆，也喷出了构成地球原始大气的各种化学物质，其中主要包括二氧化碳、水蒸气，还有一些氮气和二氧化硫。凝重、潮湿，没有氧气，气氛令人窒息。在这个大气中，猛烈的雷暴接连不断，在闪电的能量无休止的冲击下，生命——一个不太可能的奇迹，也许会在某一天出现。

随着气温持续下降，大气中的大部分水蒸气在高空凝结。第一滴雨落了下来——开始下雨了，而且一天比一天大起来。洪水来了！大量从天而降的水积聚起来，淹没了原始的地壳。

又一片独特的海洋诞生了，它很快展现出一种美丽的绿色，这种颜色源自溶解在水中的铁。钢铁侠八成会喜欢这种混浊、吓人的铁质水吧……可是，这种金属是从哪里来的呢？

简单来说，海底出现了严重断裂，形成一个个"烟囱"，将在地壳中不停循环的热液释放出来。许多元素就此被释放到水中，铁尤其多，此外还有硅、钙和锰等。

矿物初现

海洋覆盖了整个地球表面，这时候谈论尼莫点[①]毫无意义。海洋起初连成一片，但很快就冒出几座岛屿，岛上翻涌着动人心魄的潮汐。这些岛屿不但受到强烈地震的震撼，而且是火山喷发的集中地，喷发大多发生在水下。事实上，虽然在地幔中形成的大部分岩浆会在地壳中结晶，但一部分岩浆还是设法找到了出路，流入了水底，甚至暴露在大气中。地球上第一次出现了来自空中的爆炸声。天空变暗了，很快被炽热的灰烬、含硫气体和水蒸气遮蔽。眼看又要下雨了……

越来越多的火山岛形成了群岛，有些岛屿坐落在浅色的岩浆岩上。这类岩浆岩富含二氧化硅，因此比玄武岩"酸"得

[①] 尼莫点，名称来自儒勒·凡尔纳的著名小说《海底两万里》中的人物尼莫船长。这是地球上距离任何陆地都最远的海洋中的一个地点。今天，它位于南太平洋中部，在新西兰、皮特凯恩群岛、复活节岛和南极大陆之间，距离最近的海岸也有约 2700 千米之遥。

多^①，它们的名字是英云闪长岩、奥长花岗岩和花岗闪长岩^②——听着就挺生僻、拗口的。这些岩石增大了地壳的体积，让地壳处处变厚，在有天无地的大荒之中浮出水面。

今天，关于这些岩石的起源仍有许多争论，但人们通常认为，它们在地球形成后不久就开始出现了。例如，在加拿大、格陵兰岛和中国，地质学家们发现了锆石的晶体，这是一种极坚硬的矿物，年龄超过 40 亿岁。在澳大利亚的杰克山地区发现的某些晶体的年龄甚至超过 44 亿岁，绝对创下了纪录。

到目前为止，地球上这些最古老的矿物的起源还不完全清楚，它们在其中结晶的岩石也随着岁月流逝完全崩解。然而，当发现锆石最常产生在构成大陆地壳的酸性岩中时，人们就能推断大陆地壳在那个时候就已经出现了，至少应该处在萌芽阶段——除非我们能找到证据反驳这一点。这就是科学。

---

① 二氧化硅是一种酸性氧化物，玄武岩中的二氧化硅含量适中，低于英云闪长岩、奥长花岗岩和花岗闪长岩。——译者注
② 这一岩石组合也被称为"TTG 岩系"，是太古宙大陆地壳形成与演化的关键性地质记录。——译者注

岩浆，岩浆

　　英云闪长岩、奥长花岗岩、花岗闪长岩、玄武岩……在这颗星球上，岩浆岩逐渐多样化，此外还有辉长岩、辉绿岩、安山岩、流纹岩等。孕育如此丰富多样的岩石的神奇岩浆，到底是什么样的呢?

　　其实，这背后除了岩浆就是岩浆，没别的。但岩浆的成因和冷却方式多种多样。地幔、海底和大陆地壳中都可能产生岩浆，它们是岩石局部熔融的产物。不同岩石的熔化过程取决于各自的温度、含水量、压力……所有参数都将影响最终形成的岩浆的化学成分、气体含量和黏度。炮制岩浆的秘方都藏在地球的"肚子"里，并随着地质时间推移，自然而然地流传下来。

　　在大多数情况下，岩浆的密度会低于原来岩石的密度，所以岩浆会把握一切机会浮出表面，要么在裂缝中开辟一条通道，要么在上升过程中将经过的地面崩开。但这条路是漫长的，而且充满了陷阱，岩浆经常在沿途被堵塞，然后淤积在一起，有时会形成体积达数百立方千米的堆积物。这就是岩浆房，它如同一口巨大的锅，把岩浆置于高压和超过 1000 ℃的高温下慢慢炖着。在这种条件下，这口大锅有时会破裂，碎片掉落在熔化的物质中，两者最终或多或少完美地融合了。

几千年过去，岩浆房内的温度逐渐降低。组成岩浆的元素最初处于搅动和无序状态，此时逐渐被组织起来。一些元素相互排斥，另一些元素则相互吸引并结合，形成了晶核。这些晶核起初十分微小，但只要冷却速度相对缓慢，晶核就会生长得更快，由此产生的晶体可以长到几厘米大。第一批晶体悠然自得，占据了最好的位置。它们将在不妨碍彼此的情况下自在生长，不断"繁衍"，逐渐呈现出各个晶族的矿物学特征：立方体、魔杖形、金字塔形……形态各异，色彩绚丽，仿佛一心要展现迷人的魅力。而那些后来者将不得不适应拥挤的环境，极力抢占这些美丽晶体之间的空隙。

这时，其他地方的岩浆会继续上升，有时停在一个新岩浆房中休息，等待下一次火山喷口的气体的推动，再次向地表释放。

岩浆中流动性最强的部分喷涌而出，形成长长的炽热的熔岩河流，沿着高低起伏的地面或海底流淌。在这两种情况下，冷却速度会非常快，导致晶体几乎没有时间生长。这样一来，它们通常无法变大，甚至完全不存在。晶体将留存在看起来如天然玻璃般的岩石中。

当岩浆很黏稠的时候，它在离开喷口时会积聚并冷却，形成一个塞子，熔岩就很难流动了。火山内部的压力越来越大，结果爆炸了！气柱、熔化的岩石和火山灰云以高达 600 千米 / 时的骇人速度射入大气层。

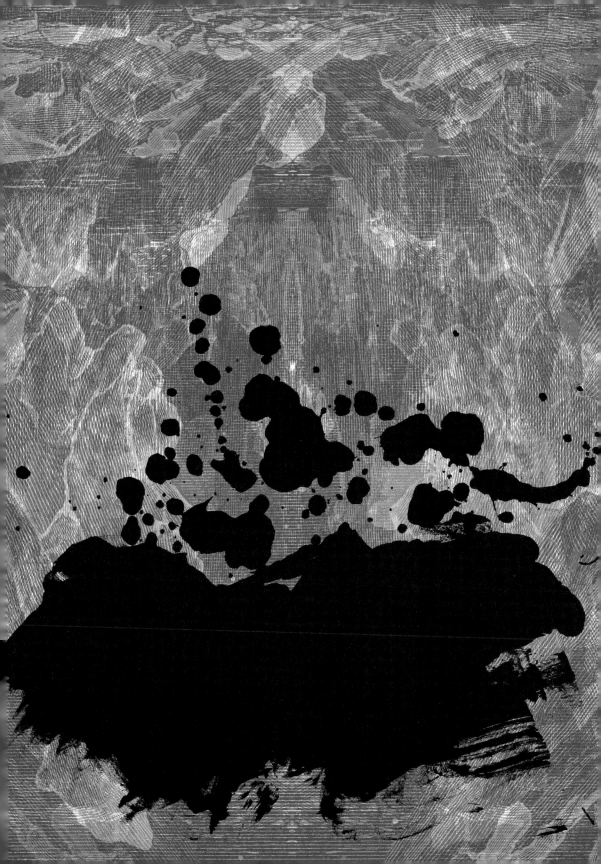

台球游戏

时光无情地流逝。到这一刻，距地球形成已有 5 亿多年，但它仍然是流星剧烈轰击的目标。产生这种无休止的轰击的原因可能是，木星、土星、天王星和海王星等巨行星的轨道仍然极不稳定，并不断重组。在重组过程中，在太阳系最外层的碎片带中旋转的天体一直被猛烈地抛向太阳系的中心，不断撞击岩质行星。这简直成了一场台球比赛！一场游戏，却不讲规则。而我们的地球、它的卫星和它的邻居——水星、金星和火星只能遭受炮轰。这场轰击持续了数千万年后，才逐渐消停下来。

岩质行星上的撞击坑（也叫陨击坑）有时相当庞大，而且数都数不清。今天，由于构造运动和不断侵蚀的作用，撞击坑基本已从地球表面上消失了。但在月球上，陨石留下来的撞击坑不受上述因素的影响，因此大多得以保留，我们在地球上用肉眼或简单的双筒望远镜就能看到它们。

此时，我们正处于一段 15 亿年的漫长时期的开始，在此期间，地球内部的温度仍然非常高。大量黏稠、富含气体的岩浆经过缓慢而艰难的移动，上升到地表。但对于大多数岩浆来说，一个历经几万年的缓慢结晶过程，让这场旅行在地下几千米深处就提前结束了，形成了大量的粒状岩，包括英云闪长岩、奥长花岗岩和花岗闪长岩。这些岩石曾经构建了陆地，现在又来逐步增加陆地的体积。

从原始海洋中浮现出来的第一批岛屿如今被真正的陆地取代了。陆地无时无刻不经受着狂风的席卷和雨水的拍打，此时还羞答答的太阳慢慢给它加着热。夜晚，大地被月亮照亮了。月亮就在咫尺，仿佛占满了整片天空。但是，大地是如此荒芜！或许生命的种子正在哪里偷偷地孕育，等待合适的时机萌芽和生长，但此刻，它们还远远没有征服这颗星球。

这些历史超过 38 亿年的古老陆地，在今天的格陵兰岛西南部的伊苏阿地区和加拿大的大奴湖附近仍能找到。同样，在 36 亿年前的南半球，陆地开始变为一个单一整体，后来随着今天印度洋的张开而解体。今天，人们发现了两块巨大的古老大陆块体：南非的卡普瓦尔克拉通 [①]（Kaapvaal craton）和澳大利亚西部的皮尔巴拉克拉通（Pilbara craton）。

----

① 克拉通（craton），指大陆地壳上能长期保持稳定的古老的大构造单元，中长期内不受造山运动的影响，只受造陆运动的影响而发生变形。——译者注

面目全非

　　事实上，既没有失去什么，也没有造出什么——谈不上"面目全非"。然而，一切在实验室的试管里①改变了；在整个星球上，最古老的陆地在漫长的历史中经历了诸多考验。

　　今天，人们会说：蝴蝶在蜕变，岩石在变质。但是，地质学家总要把自己和生物学家区别开！不是因为地质学家都是势利眼，而是因为地球内部岩石的变化没有遵循同样的自然法则。

　　对昆虫和两栖动物来说，蜕变②是必须经历的；而对岩石来说，变质并不是强制性的。岩石只有在高压和高温下才会被"加工"。换句话说，当它们被埋在地壳和地幔的深处时，会破裂并形成褶皱，其物质结构就会重组：原子重新分布，新的矿

---

① 这就跟法国化学家安托万·拉瓦锡（Antoine Lavoisier，1743—1794）那传说中的方程一样，其实他只做了实验，并没有写出具体的化学方程式，所以一切都发生在试管里。

② 即生物学上的变态。——译者注

物出现，形成新的岩石。

　　这就是英云闪长岩、奥长花岗岩和花岗闪长岩所经历的冒险，它们很可能是被一种复杂的地质过程带入地壳的，我们会在后面讲一讲。一次冒险将它们转变为片麻岩，这种变质岩保留了这些岩石最初的化学性质，保留了它们遥远的起源印记……对那些希望重建其历史的地质学家来说，这真是一种恩惠。

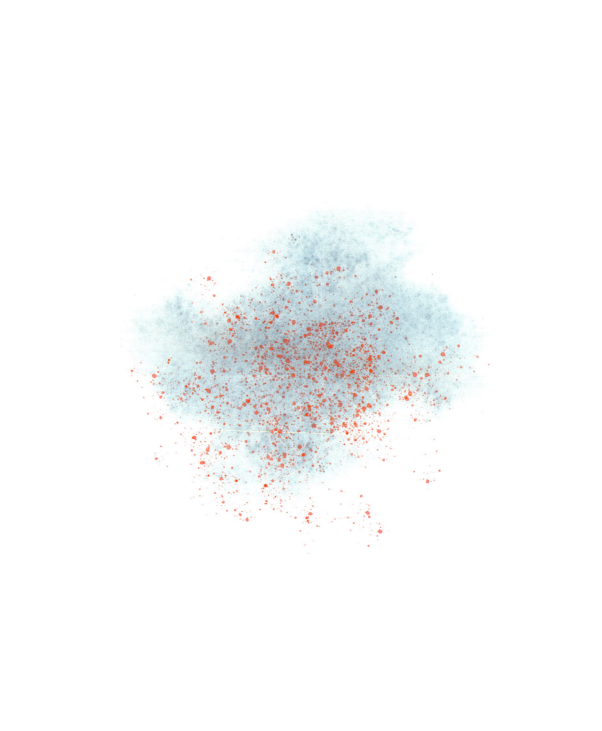

一桩喜事

38 亿年前的海洋中富含铁元素，水仍然是混浊的，但它的绿色正在消退，红色色素开始显现。这种色素来自赤铁矿和磁铁矿等铁氧化物中的结晶，错不了的。这些氧化物是化学反应的结果，而这种化学反应需要海洋中的氧气——一种当时的地球大气中尚不存在的气体。氧气是如何进入水中的？这还是一个谜。这真的源自一个人们尚不知晓的过程吗？

秘密一直被严格保守。但我们已经知道，一件大事肯定发生了——这是一场与我们息息相关的剧变，没有它，什么也不会出现：没有植物，没有动物，没有人类祖先，病毒也别想比穿山甲更容易生存。这件大事就是生命的降临。

这件大事到底是什么时候发生的？没人能告诉你具体的日期和时刻，你只需知道，伟大的故事可能始于大约 38 亿年前，在一场大撞击结束之后，除非，地球上早在那之前就出现了生命，并在那场撞击中被全部消灭，后来重新出现。或者，是撞击本身从太空带来了生命。要么是偶然，要么是必然^①。

这个谜团丝毫没有被破解。然而无论源自哪里，生命所必需的成分都存在于地球表面，这也是奇迹最可能发生的地方。曾经有一位伟大的科研人员想在实验室里复制这个奇迹。1953 年，斯坦利·米勒（Stanley Miller）提出了一个著名的实验。他将气体混合物放入一个密闭的装置，通过放电模拟雷暴，然后让水蒸气通过气体混合物，再将水蒸气冷却。几天后，水中充满了氨基酸——蛋白质的基础分子。这是向前迈出的一大步。这位美国生物化学家利用水蒸气、氢气、氨气和甲烷，也就是通过复原原始大气的成分，成功地重制了一盆富含有机化合物的"汤"。

也许，这就是生命出现的地方——是的，也许……虽然米勒的"汤"里产生了氨基酸，但是没有生命的痕迹。期待已久的奇迹并没有出现。那可太好了！我们怎么能在几小时内就复制出大自然可能花了数千万年才获得的东西呢？在一个玻璃器皿这么狭小的空间里，我们怎么能成功呢？

科研人员很顽强。他们重新开始实验，改变"配料"，改进"菜谱"，把这锅"汤"暴露在太阳的紫外线下，但都没有

---

① 可参阅法国分子生物学家雅克·莫诺（Jacques Monod）的作品《偶然性与必然性：略论现代生物学的自然哲学》（*Le Hasard et la Nécessité, essai sur la philosophie naturelle de la biologie moderne*）。

成功……直到他们开始对另一种"汤"产生了兴趣。那是我们都喝过的肉汤——在锅里熬煮时，肉汤里的脂肪会化作大大小小的泡泡涌出。水中独立的脂肪囊泡相遇、聚集或分裂。这些泡泡的行为让人联想到构成一切有机体的细胞。但这一次，人们还是无法复制生命从无到有的关键一步。生命，还是没有在实验室那肥腻的肉汤里诞生，但实验还在继续。发布好消息也不是一朝一夕的事嘛。

所以，我们仍然不知道这桩喜事发生的日期、机缘，甚至地点。比如，有人说生命是在海边，在潮汐中，在月亮慈爱的注视下诞生的；有人说生命是由陨石或彗星从太空带来的，比如彗星"邱里"（Tchouri）[①] 中的有机化合物特别丰富；也有人说，生命可能诞生在海洋的深渊，在伸手不见五指的黑暗中，在靠近热液喷发口的地方，那里释放了热量和许多化学物质。

不知有多少猜测希望揭开生命起源的终极奥秘！神秘的第一代细胞据说是自发而生的。巴斯德听了这话是高兴还是不高兴，我们可就不管咯 [②] ……

[①] 　全名是"邱留莫夫 – 格拉西冈科"彗星（Tchourioumov-Guérassimenko），以发现该彗星的两位物理学家的名字命名。

[②] 　法国微生物学家路易·巴斯德所发展、主张的细胞生命学认为，细胞是从已存在的细胞中产生的。——译者注

深渊信使

在三四十亿年前，地球就像一口巨大的高压锅，尽管有无数的阀门，但仍旧炎热异常，压力超大。因此，地幔偶尔会在很深的地方熔融，产生与之前大不相同的岩浆，但这些岩浆也会一门心思地踏上通往地球表面的漫长旅程。终其一生，岩浆只迁移一次，最终变成流动性极高的熔岩流释放出来。熔岩流从山坡上滚滚而下，温度超过 1600℃——绝对创下了高温纪录，这证明在当时，我们的星球释放出了巨大的热量，总是热情涌动。

熔岩流生成了一种独特的火山岩——科马提岩。科马提岩最初发现于南非的科马提河的河床，继而在世界上大多数的古老土地上被发现，如中国、加拿大、巴西、圭亚那、印度、澳大利亚和芬兰。所以，科马提岩并不罕见，它们愿意向任何知道如何让它们开口的人讲述自己神话般的旅程。地质学家就是这类人……

然而，乍看之下，这些火山岩似乎并不愿意透露自己全部的秘密。科马提岩的外观看着平平无奇，表面布满了几厘米长的细条纹，或盘错在一起，或排列成星形。但你如果有机会在显微镜下观察它们的隐秘之处，就会立刻被征服。在那里，你会看到这些条纹实际上是橄榄石和辉石的晶体，其如针刺般的形状是因炙热的熔岩被迅速冷却而产生的。

这并不是这种不寻常的岩石的唯一特性。科马提岩富含镁，在冷却后变得非常致密，因此，分布着科马提岩的玄武岩地层逐渐被压向地幔。地质学家将这种重力影响命名为"沉陷"（sagduction）。你一般不会在一场社交晚宴上聊起这个词……除非，你实在忍不住要向同桌的人解释，沉陷也许是地球上第一片大陆诞生的原因。当下沉到几十千米深的地方时，玄武岩就开始熔融，产生较轻的岩浆。岩浆在上升过程中冷却、结晶，逐渐形成英云闪长岩、奥长花岗岩和花岗闪长岩。

今天，从澳大利亚上方的太空中仍然可以看到这个故事的主角。在皮尔巴拉地区的卫星图像上，人们看到，约 34 亿年前形成的大陆地壳上的穹隆部分，被数百千米长的惊人的带状结构包围着。这些带状结构主要由科马提岩和玄武岩组成，被称为绿岩带。这种绿色源自某些矿物，如绿泥石、角闪石、绿帘石和蛇纹石。

晚宴眼看要结束了，别让你的朋友无聊地打着哈欠离开。科马提岩也能让我们浮想联翩。在法属圭亚那，它们献上了一些来自其出生地的小纪念品——在高压下形成的一种纯碳组成的矿物，人们称之为钻石。虽然这些令人垂涎的矿石在科马提岩中含量极低，但在另一种诞生于地幔深处的岩浆岩——金伯利岩中，其含量就大不一样了。一种不同的岩浆沿着更宽阔的"烟囱"大量喷发到地表，并在上升过程中把"烟囱"壁冲刷了个遍。在到达地表时，岩浆沿途裹挟的岩石碎片中或许含有形状精美的钻石。这些宝石在俄罗斯东西伯利亚地区也能找得到，但南非的金伯利市——一座与这些非凡岩石同名的城市，仍然是钻石的重要产地之一。

水落石出

  在一条最早的大陆的海岸线上，海水刚刚退去……正如你所想的，在 30 多亿年前，这里没有任何能让喜欢漫步和钓鱼的人兴奋的东西。在滩涂上的水洼里，虾、螃蟹或滨螺都看不到，只有一层黏糊糊的蓝色有机物"薄纱"漂浮在水面上，造就了一种奇妙的东西。

  叠层石——和我们今天能在澳大利亚的鲨鱼湾看到的叠层石一样，细菌在沙土中生长并沉淀出的层层薄膜造就了它们。细菌的能量来自光合作用——借助阳光，将水和二氧化碳转化为碳水化合物的过程。通过消耗二氧化碳，细菌也会使溶解在水中的钙结晶成石灰石颗粒。这些颗粒沉积在菌落的"薄纱"（有时称为菌幕）上，剥夺了它们所需的光和能量。这回得搬家了！

  于是，这些微生物就在这块石灰岩沉积物的上方重新定居，恢复了活动。一层又一层，它们建造了刚性构造，结构比例稳

定不变，就像在搭建真正的建筑，但是，它们仅占据了顶楼的露台：当然，是为了享受阳光，也许，也是为了观赏更美的海景……

研究人员在加拿大和澳大利亚最古老的沉积岩中发现了叠层石，这意味着光合作用早已出现。这真是个伟大的发明！虽然太阳能很难储存，但碳水化合物储存起来就容易得多了，而它将提供生物新陈代谢所需的燃料。光合作用是一个非凡的过程，它也给地球上的首批居民带来了一个惊喜：光合作用释放出了氧气，而氧气令海洋中的铁氧化物结晶。

早期居民不但微小，而且比恐龙的骨架更难变为化石。今天，除了它们的"建筑废墟"，几乎找不到什么痕迹……对了，还有一些它们在沉积岩中活动的罕见遗迹，比如碳痕迹。碳，是地球上生命的关键元素；碳，当它不以钻石的形式出现时，它那神奇的化学键会与其他元素——氢、氮、氧、硫等结合，形成其他化合物。

海平面开始上升了。但潮水还有很长的路要走，距离形成真正的涨潮还差几十千米吧。那时，我们的卫星离地球很近，它的引力仍然很大。

拼图谜题

位于地表的地壳最初滚烫而柔软，能参与大规模垂直运动，但随着年龄增长，地壳变得更冰冷、更强硬[①]。海底的地壳（洋壳）就像大陆上的地壳一样。在大约 32 亿年前，地壳开始断裂，看起来就像一幅由几千块碎片组成的巨大拼图。这个拼图谜题很复杂，因为这些碎片不守规矩，不停地运动。滑动、断裂、分离、碰撞、拼接、重叠，一切都源于一种机制，这种机制随着时间推移逐渐减缓，但直到今天依然运作良好，这就是板块构造运动。

大自然厌恶真空！亚里士多德早就告诉过我们了。因此，当两个板块彼此分开时，形成下地幔的岩石就会上升到地表，以填补空隙。随着岩石上升，压力下降，这些岩石开始熔融，产生了岩浆。岩浆不断注入板块之间来填补裂缝，从而为火山运动提供了动力，火山在原地形成了一条"海底山

[①] 自古以来，人类的脾气随年龄的变化恰好也是如此，但这不过是巧合罢了。

脉"——绵延数百千米的海岭。在海底，炽热、流动的熔岩流从斜坡上喷涌而出，在与水接触时迅速凝固，形成了玄武岩。

但是，如果陆地板块从海岭开始逐渐变大，这颗星球就没有扩展性了。因此，在某些地方，板块的表面积应该会相应缩小。实际确实如此，当两个板块在无休止的无序运动中相撞时，其中一个板块就会插到"邻居"板块的下方，慢慢潜入地幔。这就是地质学家所说的"板块俯冲"：这种现象让玄武岩构成的俯冲板块在与温度仍然很高的地幔接触时部分熔化。由此产生的其他类型岩浆比之前的岩浆更黏稠，更呈糊状，因此很难到达地表。最常见的情况是，岩浆在地壳深处结晶，那里的热量很难消散。这一过程最终产生了出人意料的岩石产品：英云闪长岩、奥长花岗岩和花岗闪长岩。

我们已经知道了沉陷，也知道这种现象制造了构成大陆的岩石。现在，这些岩石找到了俯冲带这个新的摇篮。成大事都需要时间……惊人的板块构造运动很快就变得明显起来，开始为地球这台机器提供服务，回收资源。我们的星球在诞生之初极其炎热，确实堪比一台庞大的机器，不断从储备资源中汲取能量。能量主要来自一种由放射性元素组成的高效燃料，这些放射性元素不断缓慢衰变。无论板块彼此靠近还是分离，地球都会不断在板块之间的边界上逐步消散这种内在热量，搞得自己发颤、"打嗝"、"呕吐"。

从山到海

随着火山岛和早期大陆的出现，地貌逐渐显现。在水和大气的作用下，地表迅速被风化和剥蚀。从此刻起，这些作用将夜以继日、齐心协力地塑造地貌，虽然速度极其缓慢，效率却令人望而生畏。

1756 年，博物学家布丰伯爵写道："时间，是大自然最伟大的建造者。"他为生物演化论铺平了道路，也启发人们开始思考这颗星球上的种种变化——那些有时需要在难以想象的大时间尺度上完成的转变。

在陆地上，火山不断喷出气体，尤其是水蒸气，因此大气非常潮湿，云层正在积聚。雨水充沛，水从地面渗入地下很深的地方。最脆弱的矿物逐渐变质和分解，最初的岩石变得脆弱，开始分崩瓦解。它们的碎片从山坡上滚下来，落入最近的湍流中，然后进入河流、大江，最后进入海洋。但最大的岩石因重量过大而在沿途被遗弃，无法继续旅程。这是一段漫长的

旅程，充满艰辛，我们从沿途散落在河口、河底的圆形巨石和鹅卵石就能看出这一点。

因此，这些沉积物——巨石、卵石、砾石、沙子和黏土——不断前行，丝毫不顾及最初存在于大陆表面的岩石。当到达旅程的终点时，它们将一层又一层地堆积在洼地和海底。起初，它们是松散、活动的，缝隙中充满了水，但此后会在自身重量的作用下逐渐压实，形成越来越紧实、有韧性的岩石。也许有一天，在板块构造的作用下，沉积岩将从海洋中浮现出来，成为风化和剥蚀的牺牲品。

雨还在下，水在地面上流淌，地貌逐渐瓦解，浅层土壤被继续剥离。几千万年前，在地球深处形成的岩浆岩和变质岩最终被挖掘出来，它们中的矿物也受到了来自四面八方的攻击：长石晶体和云母片变成了黏土，但石英颗粒仍然存在，它们对风化不太敏感。

这些矿物都是旅行的参与者，陪伴它们的还有一些化学元素，比如铁。由于早期的大气中总是没有氧气，因此，这种在岩石风化过程中释放出来的金属元素仍会溶解在水流中，汇入河流和海洋。

改朝换代

　　当生命开始在地球上散播时，安装在地球深处的机器仍在全速运转，日日夜夜，丝毫没有被干扰。它继续制造岩浆岩，不断增加大陆的体积。大陆在板块运动的驱动下越变越大，最终相遇，碰撞次数开始加倍。陆地在剧烈碰撞中变形、起皱、断裂或折叠。巨型造山带不断发展。大陆汇聚在一起，形成一个庞大的整体，其中最早的一块超大陆——凯诺兰（名字源自加拿大安大略省的凯诺拉）在27亿年前聚集了地球上的大部分陆地。

　　显然，地球从未安静下来过。它一直在自转，只是速度越来越慢。最初，地球的自转简直一团乱，实际上，是地球的卫星用自身质量安抚了它，调节并减缓了它的自转。在46亿年前，地球在诞生之初自转一周需要大约6小时，现在则需要大约4倍的时间。世界渐渐平静下来……但会持续下去吗？尽管这颗星球随着年龄增长逐渐平静，但它的暴躁脾气仍然很可怕，而且不可预测——我们晚点儿再谈。

与此同时，地球内部逐渐冷却。陆地板块最初有数千块，如今逐渐结合在一起，变得越来越少、越来越硬、越来越大。它们的移动速度减慢了。在 25 亿年前，地球中心发生了不可逆转的变化。

科马提岩"停产"了……英云闪长岩、奥长花岗岩、花岗闪长岩也一样。我们的星球到底发生了什么？是它的发动机坏了，还是燃料没了？

都不是，这只是一个新时代的开始，其标志就是机器有了不同的运作方式。自此，地球要步入现代化了！地球内的热量已经不足以频繁地引发地幔深处的熔融，从此刻起，科马提岩这种非凡的火山岩只会在极罕见的情况下形成。我们要向沉陷现象和绿岩带告别了。

出于同样的原因，沉入俯冲带的板块的熔融被中断，取而代之的是简单的脱水现象。接着，这些下沉板块释放出的水经过地幔上升到地表，地幔也跟着熔化。新岩浆诞生了。在经历了许多变形之后，新岩浆最终结晶成花岗岩。花岗岩将取代英云闪长岩、奥长花岗岩和花岗闪长岩的组合，为陆地的生长做出贡献。

化学袭击

在海洋里，第一批单细胞生物通过光合作用大量繁衍，已存在了几亿年。这一漫长过程所产生的氧会氧化溶解态的铁，铁继而结晶成大量的赤铁矿层和磁铁矿层，通常与二氧化硅沉积物共生。

海水变得不那么绿了，显得越来越清澈，阳光能够到达越来越深的区域。光合作用的活动增多，产生了更多的氧气——对首批生物来说，这可是真正的毒气。有史以来规模最大的化学袭击刚刚开始……这不是一次故意袭击，却相当致命。幸存者必须积极应对。一些生物努力适应，改变自己的新陈代谢方式，学习利用新气体。这种气体很快就会成为它们的必需品。但对其他生物来说，氧气仍然非常有害。因此，拥有不同生活方式的不同群体之间，有时关系很复杂。你想让这群家伙怎么达成共识？就算在今天，地球上也生活着杂食主义者、素食主义者和肉食主义者，他们有时也互相看不惯啊……

然而，生命继续发展，逐渐呈现多样化，占据了地球上所有的生态位。在大多数的环境中，我们都可以找到细菌，以及它们生活在极端环境中的远亲——古菌。没什么能吓到古菌，无论是 80℃的热水，还是酸性或盐度极高的湖泊。

比如，古菌包括能产生甲烷的产甲烷菌，也包括能消耗甲烷的甲烷氧化菌，但对这些微生物来说，氧气是有毒的。这种气体一出现，就在这类菌群的队伍中展开了一场"屠杀"，迫使幸存者躲入海底，在黑暗的深渊中避难——那里还没有氧气。幸存者甚至躲回了温暖的地方，靠近生命最初的诞生地——热液的喷发口……它们回到起点了！

产甲烷菌在今天仍随处可见，特别是在我们的肠道里，它们积极参与了消化过程，有时也会引发一些小尴尬，这就是"放屁之神"克莱皮图斯①捣的鬼了。

---

① 古罗马的放屁和胀气之神，法国诗人波德莱尔和作家福楼拜在各自的文学作品中都提到过他。

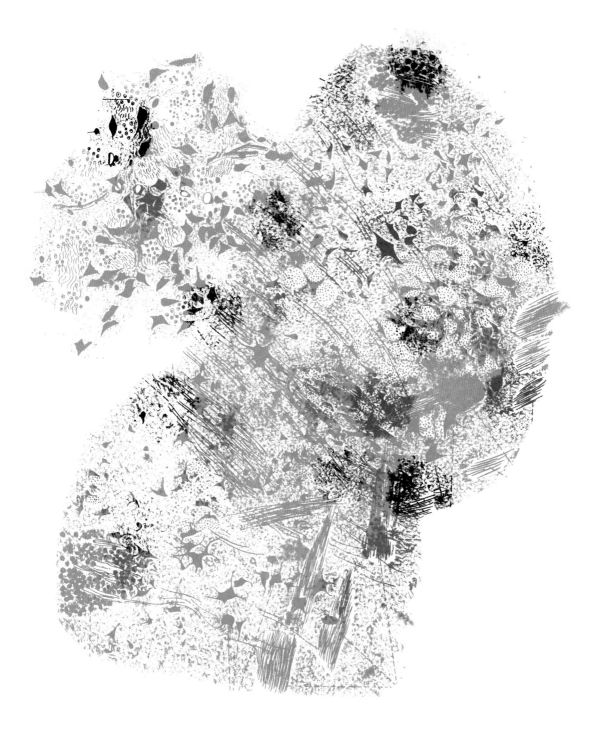

连环冰期

　　地球还需要为艰难时刻做好准备。随着火山活动逐渐减弱，古菌的死亡率一路攀高，甲烷的含量在 24 亿年前急剧下降。碳氢化合物的迷雾逐渐消散，天空变得明亮起来，从橙色渐渐变成蓝色。由于甲烷气体造成的温室效应比二氧化碳强近 30 倍，天气开始变冷了。冷上加冷的是，太阳的功能仍在磨合中：它还没有全速运转，只产生了相当于今天 80% 的能量。

　　地表的雨水在尚没有植被保护的岩石上肆意流淌，陆地上凹凸的地貌遭受着风化和剥蚀的折磨。微酸性的水渗入地表，导致矿物逐渐分解。在分布广泛的英云闪长岩、奥长花岗岩、花岗闪长岩等岩石中，长石晶体转化为黏土，释放出钙——一种能与二氧化碳结合生成石灰岩的元素。因此，继甲烷之后，此刻轮到二氧化碳逐渐从大气中减少了。气温陡然下降⋯⋯

　　天实在太冷了，海水开始结冰。浮冰扩散，逐渐侵入所有海洋，或许只有赤道地区能幸免。冰盖覆盖了整片大陆。从太空中看，我们的星球此时就像一个巨大的雪球——一个纯白的球只会反射阳光，而不会吸收阳光，因此地球变得越来越冷。情况似乎走向绝望的境地。尽管在海洋深处，靠近热液温泉的地方仍能为微生物提供避难所，但它们还是受到了严峻的考验。

所幸，火山依旧非常活跃，它们释放的二氧化碳在冰层下积聚，一段时间后，冰层在压力下破裂。这种温室气体扩散到大气中，逆转了降温过程。温度在地质时间的尺度上急剧上升，几万年过去了，这场寒流只不过是一段糟糕的记忆。但它会回来的！

事实上，在 2 亿年的时间里，共有 4 次冰期相继发生，中间隔着时间较长、温和得多的时期。每一次冰期，生物都遭受严酷的考验。在陆地上，岩石沉积物被冰川覆盖，夷为平地，最后以巨石、沙砾、沙子和尘土的形式堆积在冰碛岩中。今天，在加拿大的安大略省、南非、澳大利亚和北欧地区都能发现许多冰碛岩沉积物。

吸口氧气

地球看上去像一个宜居的星球了，蓝细菌积极地进行光合作用，释放出越来越多的氧气。最初溶解在海水中的铁与氧气结合而沉淀，形成大量铁矿，留在海床上。这个板块注定要沉入地幔中，但一些碎片被保存了下来。如今在世界各地都能开采到这些矿物，尤其在澳大利亚的皮尔巴拉地区，或者在巴西的米纳斯吉拉斯州——真是名副其实[①]。

氧离子最初被溶解的铁所捕获，并从海水中逸出，在冰层大面积退缩后，海水又能畅快地流动起来了。在大约 23 亿年前，氧气在大气中的含量迅速上升，达到 1% 至 2%[②]，这个水平虽然与今天 21% 的含量还有很大差距，但增长相当显著。

这是一个不可逆转的过程。这一独特事件标志着地球生命历史的一个转折点。自此以后，一切都不一样了。但正如前面

---

① 米纳斯吉拉斯州的原名 Minas Gerais 在葡萄牙语里是"总矿区"的意思。——译者注
② "大氧化事件"，该数值尚存争议，部分学者认为实际值低于该数值。——译者注

说过的，进行光合作用的细菌所产生的氧气是它们在新陈代谢过程中释放的"废气"，导致了无数对这种气体不耐受的微生物走向灭亡。数不清的小尸体沉积在海底，在那里以有机物的形式大量堆积起来。

　　如此一来，这类有机物捕获了碳，不仅提高了大气中的氧含量，更重要的是，也提高了海洋中的氧含量。在 21 亿年前，继铁之后，溶解在海水中的锰被氧化，并大量沉积。今天，南非、加蓬和巴西等地的锰矿藏就证明了这一点。

大胆创新

    细菌和古菌——原核生物家族中的单细胞生物——之间的对立仍在继续。敌对双方都有一个纯粹下意识的目标：守卫被占领的领土，同时面对不断袭来的多重化学袭击。这是一场生与死的挑战啊！

    氧气、甲烷、硫、砷这些"毒物"让族群中的受害者成倍增加，对这些早期生物来说，生活并不容易。有的战斗、抵抗、被俘、屈服，然后有的开始合作、适应和转变——也许，它们在不知不觉中被大气中迅速增加的氧含量所征服。

    在加蓬，人们发现了各种各样的神秘化石，在沉积物中保存了 21 亿年。一些地质学家认为，他们就此发现了表征真核生物的有机化合物。真核生物中的细胞，具有被明显的膜包围着的细胞核。但也有研究人员认为，真核生物要到此后 5 亿年才出现，在中国北方观察到的化石证明了这一点[①]。

---

① 指在中国华北燕山地区发现的多细胞真核生物化石。——译者注

这场辩论远未结束，但无论如何，人们都承认，在原核生物中尚不存在的细胞核展现了一项巨大的创新。正是在细胞核中，遗传物质得到了存留——真核生物，也就是除了细菌和古菌等原核生物以外的生物，能够更安全地传给后代一份"遗产"。这一演化结果十分重要，还因为这些与古菌具有共同特征的真核生物产生了另一种特点：它们的细胞含有专门用于呼吸的线粒体。奇怪的是，这些小颗粒看起来像小细菌……

这可真让人心慌。新细胞既显示出与古菌的相似性，又与细菌类似。真核生物是由这两种原核生物组合而成的吗？这很符合今天许多科学家推崇的理论，他们会毫不犹豫地称之为"共生"现象——一种互利互惠的关联。

故事情节是怎么发展到这里的？细菌是在古菌的胁迫下被捕获并卷入其中的吗？它们会被强行拉入主人那里定居吗？还是说，这种"同居"是两位主角之间的默契？这需要澄清。但这种情况让人想起了在经济领域，小公司被大公司吞并，几家跨国公司在经过多年的无情斗争后最终合为一体——为了变得更强大、更高效、更具竞争力……

从那时起，创新在生物演化中至关重要。但创新可能不只是创造了一种新细胞。根据从加蓬出土的化石，真核细胞甚至可能已经聚集在一起，形成了多细胞生物。

假如这一推断得到了证实，那将是历史性的大发现。在潮汐和波浪的影响下，展幅超过 10 厘米的奇怪的有机生物形式出现了。是什么样的奇迹，让如此独特的生物能够独立发展出来？为什么它们没能在整个地球上繁衍，而仅成为局限在某一地区蓬勃发展的短暂例外？

　　这些问题没有解决，于是，疯狂的谣言传播开来。而一些持怀疑态度的古生物学家认为，这些神秘的生物形式不过是经过海流扭曲的菌幕。研究还得继续。

法国往事

2014 年 5 月 2 日，星期五，法国布列塔尼地区，阿摩尔滨海省，普勒比扬镇，贝尼港。

一天，沙滩上来了一位法国国家地质与矿产勘探局（BRGM）的地质调查研究员，他是来研究若迪（Jaudy）河口附近的岩石的。这位地质学家仔细观察了大海退潮后展露的地形，采集了两三个样本，做了一些笔记。但他的工作很快被一个跑来看热闹的秃顶小老头儿打断了。这人非常健谈，不时开怀大笑，就像小说《马里，噢，马里》[①] 里的巴夫人所描述的那样。小老头儿是一位作家，还是法兰西学术院院士，充满了好奇心，也渴望学习。虽然他认为自己很熟悉这片地区——毕竟他经常来这里钓蛤蜊，但他对地质学家的兴趣点感到十分惊讶。

在这片看似平平无奇的岩石上，两人聊了起来。

---

① 本书作者之一埃里克·奥塞纳的小说《马里，噢，马里》（*Mali, ô Mali*, Stock, 2014）。

——您好！我看您对贝尼港的石头挺感兴趣啊，这有什么特别的吗？

——有啊，这些岩石在大约 20 亿年前就形成了。您想想，20 亿年啊！这时间多久远，这是法国陆地上最古老的岩石了。

——我们只能在这里找到这种岩石吗？

——那倒不是，但这种岩石确实很罕见。除了在这里，我们还在阿摩里卡丘陵地带（Massif armoricain）见过。也是在布列塔尼地区，比如在洛基雷克（Locquirec）和普勒比扬（Pleubian）这两座小镇之间；还比如在格恩奈西岛（île de Guernesey）；或者在诺曼底，靠近阿格角（Cap de la Hague）的地方，都能见到它的身影。

作家虽然能因作品而"不朽"，但得知与他一直相伴的岩石居然起源于如此古老的时代，他感到十分震惊。他不停地问了更多的问题，地质学家也很健谈、爱说笑，于是开始讲：很久很久以前，在法国……

——看，这些岩石，就是您眼前的这几块，上面既有暗色的区域，也有较为清晰的痕迹，证明它们有着双重的起源：一部分来自火山，还有一部分来自沉积现象。

——那就是说，在 20 亿年前，这片地区有火山吗？

——当然啦！但还有更厉害的，这些火山岩，就跟它们旁边的沉积岩和附近那些花岗岩一样，过去曾被埋在几千米深的地方，也许和这片山脉的根部一样深。

——贝尼港的山脉？太神奇了！我可是经常来这里，却对这些神奇的故事一无所知……

——这很正常。只有地质学家知道怎么让岩石开口说话。

——岩石还告诉您什么了？

——它们还说，它们在地球内的旅行中发生了变形，才形成了今天我们眼前的片麻岩。

两人聊起来没完，笑起来没够，却都没发现海面在一点点地上升——他们必须得离开了，但他们还会再见面，因为两人都热切地希望分享这些岩石的伟大历史，更不用说，还有地球的历史。在 20 亿年前，地球上发生了各种各样的大事件，贝尼港岩石的故事只是当地的一处传奇。

在这些大事件中，一颗直径约 10 千米的小行星撞击了地球，在南部非洲砸出了一个圆形巨坑，这就是弗里德堡陨击坑，至今，人们还能在航拍照片中看见它。想象一下，这场可怕的灾难造成了多么强烈的地震，周围的地形被撞击并粉碎，激起的尘烟遮住了整个天空。

在非洲更远的北方，即今天的加蓬，另一个令人难以置信的事件正在发生。在这里，热液带来的热水在地下裂缝中循环，在那里，它们裹挟了丰富的铀。热水继续前进，最终渗入充满了有机物的砂岩中。在那里，在氧气的庇护下，铀一点一点地沉积、浓缩……直到核反应一触即发。这相当于 17 座核反应堆运行了数十万年，每座反应堆释放的能量可以为今天的十几户家庭供电。这倒不算惊心动魄，但这可是地球历史上独一无二的现象。

大陆漂移

　　火山到处喷发，小行星不时坠落，局部核反应屡屡发生：在 20 亿年前，这颗行星上的新闻似乎除了这些就没别的花样了。地球在历史之初超级活跃，这会儿是不是要平静下来了？别做梦了。

　　随着时间推移，凯诺兰超大陆开始逐渐分裂，而后，其"碎片"再次聚集，仿佛在经历了漫长的分离后想再次相遇……从南美洲到北美洲，从南极洲经过印度和澳大利亚，直至西伯利亚，碰撞次数越来越多。于是，20 多条山脉诞生了，继而形成了哥伦比亚超大陆——此前 18 亿年的另一个超大陆的继承者。

　　超大陆就像一个盖子，防止地幔释放的热量在大气中消散。尽管火山一直起着排气阀门的作用，但超大陆最终还是在破裂和爆发中四散开来。来自海底的玄武岩岩浆流入裂缝。陆地依照板块构造学原理恢复了独立，累积的热量逐渐消散。几年前，好像还有人以"板块构造学"为名编了舞蹈和电子音乐。

陆地，原本也可能被大气带走，但我们可以肯定，它们在板块运动的带动下开始了新的冒险。陆地要穿越各种气候区，在赤道和极地之间移动，面对各种极端气候。陆地，就像很久以后陪伴它们的生物一样，往往要经历漫长、艰难、布满陷阱的旅程。

同时，古菌、细菌和真核生物仍在水中生存，无论如何，它们只能适应大陆的运动，以及这些运动通过大洋流产生的气候变化。

新的乐子

接下来，又是一段漫长的岁月，这营造出一种错觉：地球上什么都没有发生。微生物群仍然在小心翼翼地彼此竞争。当下不再有重大的气候变化，陆地之间的剧烈碰撞似乎也暂停下来。我们只能报告一下天体偶尔坠落这种小事件：比如，在大约 18 亿年前，在今天的加拿大萨德伯里地区坠毁了一颗直径 10 ~ 15 千米的彗星。

绝对，或者几乎绝对的平静笼罩着地球。然而在这背后，一个大新闻正在逼近。这是一场真正的剧变，它将深刻地改变大多数生物的生活。但是，首批真核生物没有因此太兴奋：这些原始生物每天在庞大的群体中日夜共处，在那里，它们本可以过得放浪形骸，但是，它们其实谁也不搭理谁。它们一个接一个地通过简单的分裂繁殖，彼此漠不关心，它们的基因库只通过随机突变而变化。

直到 15 亿年前的某一天，当哥伦比亚超大陆开始露出衰退的迹象时，两个细胞不可抗拒地彼此靠近，避开了所有目光，只被新月照亮……在最初的激情后，我们很容易想象出接下来的剧情：从此，生物将把越来越多的时间和精力投入这项新活动。在爱神厄洛斯或丘比特的祝福下，这项活动会让生物演化得更快。

与此同时，受到某些细菌利用太阳能，通过光合作用来"进食"的启发，一些真核生物投身于一个开创性的生态项目。是啊，真核生物凭什么就不能从这种免费能源中受益呢？也许，在自己的细胞中加一些光合细菌，不就行了……

继线粒体之后，其他由细菌演化而来的颗粒也出现在这些新型真核生物中，那就是叶绿体——真正的太阳能收集器。这为演化开辟了一条新的道路：植物的祖先出现了。它们要做的就是在阳光的沐浴下，在水中繁衍生息……大海、交配和阳光，多美好。

神力造山

大约 10 亿年前，哥伦比亚超大陆已经成了一个遥远的记忆，轮到罗迪尼亚超大陆① 将地球上大部分陆地聚集在一起了。在这些仍然贫瘠的土地上，没有一棵小草保护被风暴蹂躏的裸露土壤，也没有蝴蝶的曼妙身姿来点亮风景，只有火山喷发和地震这些可怕的动态景观，因为陆地的聚集不是一个温和的过程，碰撞有时过于猛烈。碰撞创造了山脉，其中一次巨大的造山运动是北美大陆和南美大陆对抗的结果，形成了格伦维尔造山带。今天，我们仍然可以看到它的遗迹，从墨西哥到格陵兰岛，直至苏格兰，绵延数千千米。

罗迪尼亚超大陆还没来得及彻底步入平静，地壳中就已经出现了裂缝。陆地正准备重新分离，而两次异常严酷的冰期接踵而至。在约 7.2 亿 ~ 约 6.4 亿年前，海冰覆盖了所有海洋。对生物来说，严寒是一场考验。一些生物最终设法在更温和的深海或在没有冰塞的赤道地区避难。

---

① Rodinia，源自俄语，意为祖国或大地母亲。

但对于大多数必须在水面上演化的光合微生物来说，情况就复杂了……同时，地下不断发生爆炸，形成了阿摩里卡丘陵的地基：猛烈的地震不断发生，地球隆隆作响……烟雾从一个逐渐从海洋中显现的新群岛中逸出，大量岩浆流推动着群岛不断上升。喷发接二连三，次数越来越多……

在法国阿摩尔滨海省的潘博乐（Paimpol），至今仍然可以观察到这一时期的熔岩流痕迹。正是在吉尔班海角，健谈也善于倾听的作家和他的地质学家朋友继续着他们的对话。

——瞧！我们脚下的熔岩大约在 6 亿年前从水下喷了出来。

——好家伙，但你是怎么知道的？

——因为我学会了阅读岩石啊。这些看起来像垫子一样的小玄武岩熔岩团只在水中形成。在这儿，它们位于俯冲带的上方。

——噢，就是大洋板块消失在陆地板块之下的那些地方？

——没错。俯冲产生了大量岩浆，其中一部分以熔岩的形式到达地表。

——好吧，那剩下的呢？

——剩下的岩浆？岩浆在地壳深处结晶，形成花岗岩。如果你想看看，可以去布雷阿岛（Bréhat）。

作家还是不太相信，他提出了许多问题，尤其关于花岗岩和他特别喜爱的邻近岛屿。

——快跟我说说，如果那些花岗岩真是在 6 亿年前形成的，那怎么可能在布雷阿岛上观察得到呢？

——这简单。日复一日，一世纪又一世纪，千年又千年，地球表面被侵蚀。记得吗？你在你的"蚊子书"[①] 里还讲了的。

作家通常很健谈，也很爱笑，但这下他有点儿被刺痛了。他不再吭声，但地质学家还是滔滔不绝。

——正是侵蚀，让花岗岩到达了地表，但还不止于此……花岗岩是在一个巨大的山脉下形成的，同样在侵蚀过程中，山脉被夷为平地了。

——又一条山脉没了？

——可不！这条山脉就是卡多米山脉 [②]，在布列塔尼地区的北部还有一些遗迹，比如这里；但在法国下诺曼底地区、西班牙、中欧地区、威尔士地区、纽芬兰岛、圣皮埃尔岛和密克隆岛 [③] 都能看见。

——这条山脉扩展得很长吗？

——是啊，别忘了，当时高山遍布今天的整个非洲、巴西和俄罗斯的贝加尔湖周围呢。

---

① 指本书作者之一埃里克·奥塞纳与伊莎贝拉·圣 – 欧班（Isabelle de Saint Aubin）合著的《蚊子、地球与全球化》（*Géopolitique du moustique*, Fayard，2017）。

② Cadomus，法国卡昂市（Caen）的拉丁名。

③ 下诺曼底地区在法国西北部，北邻英吉利海峡；威尔士地区位于大不列颠岛西南部；纽芬兰岛是北大西洋上的大型岛屿；圣皮埃尔岛和密克隆岛是法国位于北大西洋的海外集体属地。——译者注

实验机密

在一次规模巨大但持续时间很短的新冰期之后，地球表面在 5.8 亿年前变暖了。氧气无处不在——在空气和水中，甚至在高空大气中。氧气在那里转化为臭氧——一种保护生物体免受太阳紫外线伤害的气体。这种保护让生物能在适当的时候离开海洋、征服陆地，却不会损害自身的遗传物质。

天空非常蓝。一切条件似乎都有利于生命的绽放。别忘了，发展和创新，这可是演化的伟大专长。于是，生物演化终于出手了……今天，在澳大利亚南部，更确切地说，在埃迪卡拉山发现的化石证明了这一点。在纽芬兰岛、纳米比亚和俄罗斯北部也有类似发现，这不过是其中的几个例子罢了。

在生命的实验室里，演化自由发挥着自己的想象力，甚至生出了没头没尾的生物——没有嘴、肠、肛门，它们的生活方式仍然是个谜。这些生物与较新的生物很难有相似之处，只是与水母、海绵还有一点儿像。这些生物在大多数情况下永远不会有后代……

演化从没有一个完整的计划：它的头顶上没有工头、老板或神秘的造物主来强加指令。它只是一系列随机且多多少少挺有成效的实验的结果，只不过受到随时间推移发生的随机突变的摆布……它不断摸索，不断发明，不断塑造模型——其中许多都失败了，然后探索其他途径……

这些生物形如叶片、丝带或圆盘，有些甚至让人想起凯尔特人的三曲枝图 ①。你也许听说过，布列塔尼人喜欢环游世界。但在 5.5 亿年前，这些形如三曲枝图的生物就已经出现在地球的海洋中，早在伊夫·德·凯尔盖朗（Yves de Kerguelen）和让－米歇尔·于翁·德·科尔马戴克（Jean-Michel Huon de Kermadec）这两位出身于布列塔尼的法国航海家探索世界尽头的岛屿之前，它们就出发了。

但故事不会一直这样下去。奇形怪状的生物大多将被无情的自然选择淘汰。新时代即将到来……

---

① Trisceli，也称三曲腿图，这个著名的凯尔特符号像一个有三条弯曲的腿的车轮。
——译者注

视觉狩猎

5.2 亿年前，在海底的某个地方，一只奇虾刚刚发现了它最喜欢的猎物之一。这是一种三叶虫，看起来像完全被甲壳覆盖的大潮虫。但这副盔甲不足以保护它免受攻击。捕猎者身长近 1 米，装备了可抓握的大型"武器"，最终杀死了这只不幸的猎物。这就好比一场猫鼠游戏。

此时，捕猎者不再满足于靠运气来捕食。它们借助地利，猎食海流带来的浮游生物。有猎杀，就有防御，使用贝壳和甲壳保护自己在猎物中流行开来。对于刚刚出现在海洋世界中的节肢动物——奇虾来说，猎杀更容易。它是那个时代的掠食者，有一双巨大的复眼，就像当时的三叶虫和今天的昆虫一样。这是演化的新发明，经过几次失败的尝试，最终带来了创新。

这一次，地球上出现了前所未有的生物多样性。例如，独一无二的中国云南澄江化石地中确定了近 200 种可追溯到这一时期的新物种，极大地丰富了物种名录。在此之前，这份名录中只包括一些软体生物和水母，现在，我们可以加上甲壳类动物的祖先、螯肢动物、三叶虫、腕足动物（一种借助肉茎把自己固定在基岩上的有壳类动物）、古杯动物（这种动物如同海绵，但拥有钙质的骨骼），以及其他来自不同演化阶段的神秘物种。甚至有人说，就是在这个时候，地球史上第一批脊椎动物出现了，它们是与今天的七鳃鳗相关的原始鱼类。

是什么催动了物种的大爆发呢？是视觉的出现吗？这种前所未知的感觉确实难以拒绝。是猎物和捕食者之间的"军备和生物技术竞赛"吗？是大气和水中氧含量的增加吗？面对大量新物种的到来，众多问题仍然没有答案，但这件事还要两说：如果说化石的数量在各地都激增了，也许部分原因是矿物质保护壳对软体的保护效果更好。

生命形式越来越多样化，特别是在大陆边缘，那里危险不断。岩石崩塌不罕见，水下的泥沙崩塌也不罕见。在 5 亿年前，一场极具破坏性的崩塌葬送了附近的所有生物，它们被迅速埋葬，隔绝了氧气——这是它们的大不幸，却是古生物学家的大幸。今天，他们在加拿大落基山脉著名的伯吉斯页岩中发现了完美的化石。

与此同时，罗迪尼亚超大陆的碎片继续散开。其中三块位

于北半球，第四块占据了南半球的大部分地区。这是冈瓦纳古陆 ①，这个广阔的大陆汇集了今天南美洲、非洲、澳大利亚、南极洲和印度的古老核心区域，也包括今天欧洲的一小部分，当时沉积在该大陆北部边缘的黏土和沙子在今天的法国南部以页岩和砂岩的形式出现，人们在里面找到了许多三叶虫的化石……

一些三叶虫在海底觅食，就像许多其他生物一样，在沉积物中慢慢积累的有机物里找来找去。如此一来，大量的二氧化碳和甲烷被释放到大气中，温室效应让大气迅速变暖。在水面上，局部温度可达约 40℃。高温对生物体造成了巨大伤害，许多新出现的物种，比如古杯动物，只能认命了……

---

① 以历史上印度中部的一个地区冈瓦纳（Condwana）命名。

生态巨缸

　　热浪不会持续，但它融化了最后的冰川。海平面保持着最高位，沿海的大片岩石滩被淹没，浅海地区越来越广阔，更有助于生物的多样性发展，但此时的鱼类仍然非常稀少。

　　如果我们生活在那个时代，大家一定都会喜欢上潜水，探索美丽的海底。高温导致许多物种灭绝了，但双壳动物、腕足动物、三叶虫和海绵将再次恢复生机；棘皮动物，特别是海百合，在水中优雅地"盛开"；而头足类动物中的一些代表，已经达到了相当大的程度，比如拥有几米长的锥形贝壳的直角石。直角石喜欢吃三叶虫，同样恐怖的猎食者——海蝎子也把三叶虫当作美食。三叶虫必须时时刻刻面对生死之战，在危险降临时，有些三叶虫学会了把自己卷起来。

　　在覆盖着藻类或珊瑚的海床与水面之间，任何生存环境都被位居食物链不同层次的生物占据。有的静静地吃着藻类，或者以腐烂的有机物为食；有的过滤水流，摄取里面的浮游生物；有的是拾荒者，拆解尸体，大快朵颐；有的打猎，要么伺机偷袭，要么围剿捕杀；有的成了猎场上的猎物。最后，大型捕食者来了，吞食其他所有生物，在恶战中互相残杀。除此之外，还有更可怕的、完全无法控制的病毒，攻击所有生命形式……

一切都要按照大自然的安排，即使是在探索未知世界的时候。在大约 4.7 亿年前，第一批植物开始在陆地上定居——嗯，差不多吧，因为它们主要还是分布在湿地、沼泽或湖泊环境中。这类植物就是地钱，属于苔藓类植物。此外还有一些真菌，与藻类结合形成地衣。这些"拓荒者"紧紧抓牢岩石，尽管它们有时身处极不舒服的位置。征服陆地的时代真正开始了。

水族馆变成了一个综合生态缸，准备好迎接或许已经开始在陆地上定居的动物——这可能是偶然的选择，也可能是想尝尝冒险的滋味，或者单纯想尝尝植物是什么味道……

每天，植物覆盖的地区都在默默取代荒地。在我们的星球上，光合作用首次在海洋之外发挥了作用，消耗越来越多的二氧化碳。而第一批植物的繁盛生长加剧了岩石表面的风化，由此释放出的钙催动二氧化碳进一步形成石灰岩。降温越来越迅速。

在大约 4.5 亿年前，冈瓦纳古陆的大部分地区被覆盖在一个厚厚的白色冰盖下。事实上，整个地球都受到了这次冰期事件[1] 的影响。此次冰期在两个较温暖的时期之间，其间海平面大幅下降。在此前被海水淹没的岩石滩上，水逐渐退去，海岸线被推回数百千米。曾经占领浅海区的生物被剥夺了栖息地，面临着巨大的生存压力。

其中许多生物将无法活下去[2]，看不到即将到来的温暖时期。冈瓦纳古陆的冰盖开始融化，海平面逐渐上升，海水再次入侵沿海地区，寒流中的幸存者随之回归。然而，这些生物刚刚适应新的生活条件，反而很难忍受再次回到炎热、严重缺氧的水域——又是一次大灭绝。在这场重大的危机中，85% 的物种消失了，尤其是三叶虫、腕足动物和珊瑚。

---

[1] 即早古生代大冰期。——译者注
[2] 即首次生物大灭绝。——译者注

走出水域

今天，人们经常谈论受挫后的"韧性"，但在远古的生活中，生命对此早有体悟。这难道不是生命的主要品质之一吗？在地球的历史上，韧性的力量得到过多次验证。特别是在 4.4 亿年前，本来受到气候变化严重影响的生物，再次开始变得繁荣多样。

大多数被废弃的生态位被重新占用。在三叶虫、腕足动物、棘皮动物和珊瑚的大家族中，新物种取代了旧物种，出现了有下颚并有坚固盔甲保护的鱼。海蝎子再次统治世界。而在食物链的另一端，浮游生物以前所未有的速度繁衍，无数笔石①让浮游生物家族更加繁盛。

演化，盲目地跟随自然选择的引导，不知疲倦地工作着。

---

① 笔石，英语写作 graptolite，这个词来自希腊语 graptos（意为"书写"）和 lithos（意为"石头"），即"岩石上的文字"。这是一种生活在海洋里的小型群居浮游生物，其化石痕迹很像象形文字或涂鸦绘画，故得此名。

在陆地上，出现了新植物种类，与真菌、苔藓、地钱、地衣并存，植被日益丰富。植物也不再孤单了，一些节肢动物偶然间离开原来栖息的海洋环境，被隔离在暂时干涸的潟湖中。在最后一段旅程中，唯一的选择就是：要么抗争，要么消失！大多数动物无法适应这种新环境，灭亡了。罕见的幸存者最初是两栖动物，生物逐渐适应了陆地后，又出现了远始的蜈蚣、蜘蛛和蝎子。

在这个时期，生命再次大爆发。但随着生物体增多，腐烂的尸体也会越来越多。在大约 4.3 亿年前，有机物在沉积物中积累，特别是在大陆架上封闭的浅海环境中，越积越大的泥滩将形成碳氢化合物的矿床。

今天，这些严重缺氧却富含有机物的沉积物通常以黑色页岩的形式存在，其中有大量笔石化石——为了探究这些古老生物在大海中的"游历"，我们可能需要好好学习如何解读这些信息。

与此同时，冈瓦纳古陆的冰盖已大幅缩小，但它仍要确保自己在南半球至高无上的地位。在赤道附近，一边是构成今天北美洲的陆地，另一边是构成今天北欧地区和俄罗斯的陆地，双方也要重新组合。最终，这些大陆碰撞出加里东造山带①：这

---

① 名字源自苏格兰的拉丁名称 Caledonia。

是一条宏伟的古老山脉，其遗迹位于爱尔兰、威尔士、斯堪的纳维亚地区，以及贯穿加拿大和美国的阿巴拉契亚山脉的中心。

从此刻起，冈瓦纳古陆不再是地球上唯一的超大陆，它将在更北方与刚刚形成的大陆相连，这片大陆被地质学家称为"欧美大陆"或"老红砂岩大陆"。在下一篇故事中，这颗星球的历史将告诉我们为什么这么称呼它……

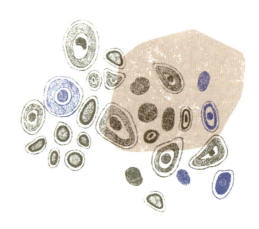

生命胶囊

在 3.9 亿年前的欧美大陆，加里东造山带还是一片荒凉。那里曾经有着巍峨、崎岖的山峰，如今，地貌早被蜿蜒的河流磨平了。天气非常炎热。雨季，岩石被倾泻在陆地上的雨水分解了。

这种变化日夜不断。岩石分解，转化为黏土，释放出不同的元素，比如铁，它与空气接触时会氧化。然而，有些矿物的"抵抗力"很好，比如石英。在河流的侵蚀下，石英变为碎屑状沉积物——砾石和沙子堆积在洼地、山谷、冲积平原和湖区中，变成被氧化铁染成红色的砂岩。

遗憾的是，当年没人欣赏这些被风雕刻而成的红色景观。这里连一只小浣熊都没有，只有那些蜈蚣、蜘蛛和蝎子，还有第一批昆虫。它们为在河流和无数湖泊中穿着盔甲的巨型鱼类提供了食物。

红色砂岩在欧美大陆占主导地位，证明"老红砂岩大陆"

这个昵称挺合理。尽管如此，绿色很快就会变得流行起来。此前，绿色仅在潟湖边、湖岸和河岸显现，但此时它蔓延得越来越快了。植物继续繁殖，并呈现多样化的趋势。根和茎出现了，还有像太阳能电池板一样的叶片。

演化总能让我们大吃一惊。在这里，它发明了一种能让植物在水中繁殖的生物结构——种子。这是一种独立的小"胶囊"，包含了植物胚，储备了植物胚在生长过程中需要的食物。因此，植物胚能受到保护，免遭各种攻击，尤其是气候的影响，它可以等到有利的环境再安静地发芽。被风和水带走的种子在某处藏匿起来，确保了物种的传播。现在，植物终于能在广阔的原始土地上落地生根了，它们的疆土将延伸到无限远。

名副其实的森林变得无处不在，其中生长着可达几米高的桫椤（也叫树蕨）和石松。靠近水源的森林密度越来越高。昆虫蜂拥而至，为第一批号称已经离开水生环境的脊椎动物提供了食物。这些脊椎动物被称为"四足动物"，也就是说，它们有了四足——这时候还不能称之为"腿"。目前，这些四足动物还需要在水中演化一段时间。在这种环境中，四足能帮助它们在充塞着植物碎片的沼泽底部移动；在那里，全新的肺替换了因缺氧而被废弃的鳃。占领陆地还不是时候，但为了一次伟

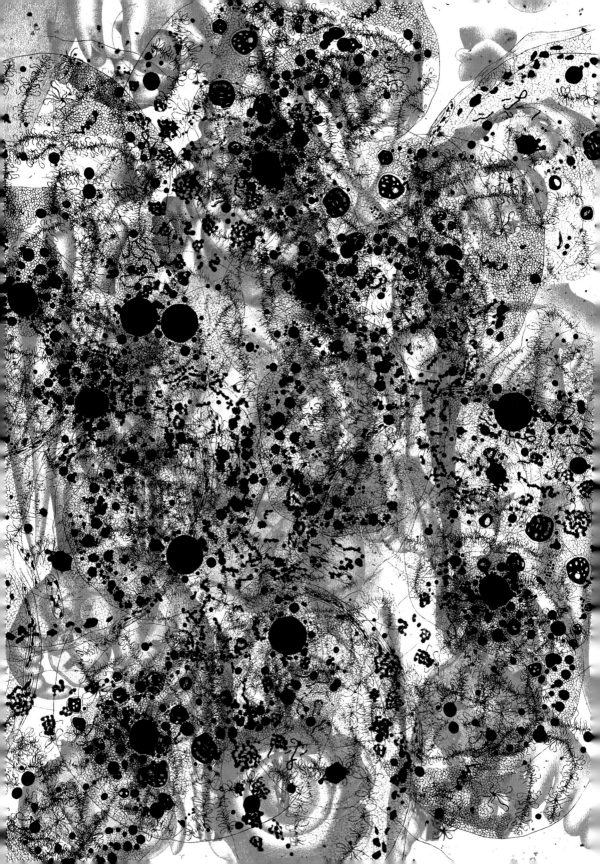

大的冒险，一切准备已然就绪……

在最好的可能世界里，一切都是为了最好的结局——这是庞格罗斯博士的哲学，而不是他的学生憨第德的哲学[①]。现实并非如此简单。在 3.7 亿年前，随着植物在陆地上扩张，而在海洋环境中，生物却大量消失，75% 的物种灭绝。在海底，珊瑚、腕足动物和三叶虫再次受到重创，许多鱼类也消失了。如何解释这场严重影响了海洋生物多样性的危机？

人们设想了最可怕的情况：陨石坠落、火山大喷发、气候剧变……我们迷失在猜测中。这些灾难情景都无法解释这场危机，它主要影响的是在靠近海岸的浅水环境中演化的生物。在那里，在陆地上大量繁殖的植物所分解产生的有机物质不断积累。在那里，海水中的氧气变得稀薄。在那里，生物逐渐窒息。这是一个必须被证明的事实。

---

① 在伏尔泰于 1759 年创作的哲学小说《老实人》中，主人公憨第德的老师庞格罗斯博士是一位乐观主义者，他教给学生的哲学理念就是这是一个"最好的可能世界"，在这里"一切都是为了最好"。但憨第德逐渐对此持怀疑态度。——译者注

地狱之门

冈瓦纳古陆和欧美大陆面对面，隔着海洋，中间有一些岛屿板块，如伊比利亚半岛和阿摩里卡丘陵。板块运动引起的大地震不断撼动陆地。日复一日，地球上的两个超大陆以每年几厘米的速度在不知不觉中相互靠近。起初，海洋还非常广阔，但后来逐渐缩小。而在俯冲的作用下，在大约 3.6 亿年前，海洋底部最终完全消失在地幔中。

碰撞迫在眉睫。在相互对峙的两个陆地的边缘以及在陷入困境的岛屿板块上，岩石破裂、变形，被压薄甚至被碾碎。陆地移动了数十千米，被强大的力量压在一起，地壳的厚度翻了一倍。

一条堪比喜马拉雅山脉的巨大造山带正在发展，这就是海西[①]造山带，也称华力西造山带。它具有线性结构，其最深的部分从今天的高加索山脉一直延伸到阿巴拉契亚山脉，横跨北

[①] 名称源自拉丁语 Hercynia silva，原指古代时期覆盖中欧大部分地区的一片巨大森林。

非和整个欧洲。在这条不知不觉生长出来的造山带的内部，到底发生了什么？如何深入其中，发现它最隐秘的秘密？

这次，陪伴我们探险的是黎登布洛克教授、他的侄子阿克塞尔和他们的冰岛导游汉恩斯[①]。让我们立刻跟随他们的脚步，踏上一段令人难以置信的时空之旅，回到3亿多年前，前往这条深达几十千米的海西造山带的中心——除了文学作品中的英雄之外，没有人敢冒此大险。

在旅程的开始，平均每前行一千米，温度就升高30℃，地面坚硬，在压力下会突然断裂。旅途充满了不确定性，每时每刻都能感受到轻微的地震，但小说中的朋友们毫不在意，泰然自若地潜入地下，丝毫没有受到不断升高的温度的影响。岩石的韧性越来越高，开始变形。第一个褶皱出现了。在距离地表近15千米处，温度超过400℃，压力自旅程开始以来增大了5000倍。继续下潜。变质作用让固态物质慢慢重组。原子重组为新的矿物，继而构成新的岩石。我们进入了片麻岩和云母片岩的领地，其中褶皱在越来越强的变形作用下逐渐伸展。

黎登布洛克和他的同伴们来到了地狱之门……也许，他们不得不考虑返回地表了。物质从600℃左右开始呈现出液态，然后熔化。从裂缝处渗出的岩浆流聚在一起，准备合流上升。

---

① 儒勒·凡尔纳的小说《地心游记》中的主要人物。

但前路漫漫，岩浆大多将在地下储存数千年。那里将成为岩浆结晶成花岗岩的地方，周围是片麻岩和云母片岩，以及一些热液源矿层。这些矿层富含各种矿物质，包括电气石、绿柱石、锂云母、钙铀云母……蔚为大观。人们甚至在此处发现了黄金，这种贵金属让古罗马人把今天的法国地区称为"黄金高卢"（Gallia aurifera）。

如今，在整个欧洲都能看见这类岩浆岩和变质岩山体，尤其在法国，海西造山带的遗迹无处不在，它形成了阿摩里卡丘陵、孚日山脉和中央高原的大部分，延伸至沉积盆地下方，还构成了阿尔卑斯山脉和比利牛斯山脉的中心。

赤道森林

当年，欧洲和北美洲仍紧紧相连，海西造山带正处于巅峰，地势高达数千米。山谷分隔了雪山，汹涌的水流从山坡上倾泻而下，将卵石、砾石和沙子冲刷到数百千米远处。于是，沉积物抵达了广袤的平原，那里天气多变，降雨频繁，河流因此时常泛滥。这片土地靠近赤道，炎热、潮湿的气候让植被变得愈发茂盛。森林不断拓展疆域，有些树木变得相当高大，比如近40米高的封印木属和鳞木属植物、超过10米的芦木属植物，以及在藤本植物之间繁衍生息的巨大蕨类植物。

森林通常立于沼泽之上，成了在3.1亿年前出现的巨型两栖动物和爬行动物的家园。蜥蜴这类小动物本来无足轻重，但它们有了一个新器官——羊膜。这是一个充满液体的保护膜，胚胎在其中生长，可以免受冲击和脱水的风险。爬行动物最终摆脱了水的束缚，不像那些两栖动物，虽然要花很多时间上岸晒太阳，但两栖动物的繁殖仍然依赖水生环境。在种子植物之

后，终于轮到动物准备出发，去探索未知的疆土。

然而当下，大多数动物仍十分依赖森林为它们准备的蜘蛛、蝎子和昆虫等丰富的食物。即使探险家印第安纳·琼斯本人来了，也会吓一跳。森林中的某些节肢动物的体形相当庞大，比如身长2米的蜈蚣，还有翼展70厘米的蜻蜓。

此刻只是过渡时期……暴雨造成了汹涌的洪水，既突然，又极具毁灭性。树木被洪水连根拔起，树干要么被冲到数十千米外，要么很快被埋在沼泽底的泥土中。在那里，有机物迅速堆积起来。树干被细菌分解，逐渐转化为煤，并形成矿层。如今，从阿巴拉契亚山脉经英国、比利时、德国、波兰到乌克兰都可以找到这些煤矿层——噢，别忘了还有法国。在法国北部和中央高原的矿井底，一块块黑色矿石的小脸正闪闪发光。

红色时尚

在 2.9 亿年前，欧美大陆和冈瓦纳古陆已经统一，当西伯利亚大陆也来加入它们时，乌拉尔山脉平地而起，盘古大陆[①]就此诞生——这是一个新月形的超大陆，它的形成暂时延缓了板块构造运动。水下的火山活动因此大大减少，导致海底沉降，广大的海平面也随之下降。海水退去后，在沿海暴露出的海滩上，许多生物渐渐失去了栖息地，只能竞相寻找新的家园。它们中的大多数注定无法渡过这道难关……

在靠近海洋的地方，环境中的热量和湿度让新的森林蓬勃发展，首批针叶林给日益多样化的两栖动物、爬行动物和昆虫提供了栖息地。但在超大陆的内陆，水要少得多，大陆性气候开始出现，温度变化剧烈，在几小时内，温度可以从 0℃升至 40℃。奇怪的动物出现了，比如背着带刺的巨大背帆的异齿龙。或许，它想用这张帆来吓唬对手；或许，在求爱时，这张

---

① 源自古希腊语 pân gaïa（πᾶν，意为所有的；Γαῖα，意为土地，故土），意思是所有土地。

帆能展现它有多么大的魅力；或许，这张帆是用来调节温度的，在清冷的黎明摄取太阳的热量，到了高温的下午帮助散热。

此时，海西造山带正在瓦解，在风化和剥蚀的影响下，产生了大量的碎屑沉积物和氧化铁。今天的法国这时还处在热带地区，雨季与旱季交替，河流穿过经常被洪水淹没的广阔平原。这种环境利于两栖动物和爬行动物的生存，它们在黏土和细沙上都留下了印记。

接下来的故事也许你已经猜到了——每次都经历相同的过程。沉积物一层层地堆积在最低的区域，被压实成了砂岩。今天，在俄罗斯见到的红砂岩，在美国西部片最具代表性的场景中也能看到。当然，在法国东南部的西昂峡谷（Cians）和达吕依峡谷（Daluis），以及萨拉古湖（Salagou）的湖畔和科隆日－拉鲁日（Collonges La Rouge）①镇附近，红色在各地流行。

染上这种红色时尚的有砂岩，继而还有岩浆岩。在 2.9 亿年前，在法国西部普卢马纳克（Ploumanac'h）地下和科西嘉岛的皮亚纳（Piana）海湾中结晶的花岗岩就是如此。但较近时期在法国东南地区的埃斯特雷尔（Estérel）火山山脉一侧和科西嘉的斯坎多拉半岛（Scandola）流动的熔岩也是如此。真是令人费解！

① 这名字恰如其分，rouge 在法语中就是红色的意思。科隆日－拉鲁日镇是法国著名的"红色小镇"，该镇的房屋多用附近开采的红砂岩建造。——译者注

死地求生

    2.6 亿年前，今天的法国南部有时会持续发生剧烈的岩浆喷发，但就在同时，在今天的中国西南部地区正上演着性质和规模完全不同的火山活动[①]。在地球上的这个地方，地壳正被撕裂，喷涌出流动性极强的玄武岩熔岩河。这次火山喷发持续时间约 100 万年，在地质时间尺度上相对较短，产生的火山喷出物多达 30 万立方千米，足以将意大利的整个国土增厚 1 千米。

    大量的灰烬、水蒸气、二氧化碳和二氧化硫被排放到大气中。天色渐暗，开始下酸雨，气温下降了十几度。时值盛夏，却宛如严冬……在陆地上，植被饱受摧残，食草动物随即面临死亡，食肉动物只能跟着挨饿——食物链从头到尾都受到影响。在海洋中，情况也令人担忧：沿海水域已经酸化，众多生物无论大小，它们的钙质骨骼正被腐蚀。

    幸运的是——如果还能称得上"幸运"二字——这次寒流

---

① 即峨眉山玄武岩大规模火山活动。——译者注

持续的时间极短。从地质时间的角度来看，这只是一瞬间。火山灰逐渐落下，阳光再次穿过富含二氧化碳的大气层。温暖的感觉变得更明显、更持久，但随着时间推移，这种温暖变得越来越难以忍受……

在此几百万年后，西伯利亚地区的火山喷发，熔岩喷发量明显增加，生物受到了更大的影响——悲惨的历史情节重演，而且愈演愈烈！一场史无前例的生态灾难席卷地球，导致近 95% 的海洋物种和 75% 的陆地物种灭绝。这是有史以来最严重的生物危机[①]。

在海滩上，已经面临衰落的原始珊瑚和三叶虫被彻底消灭。腕足动物、腹足动物、海百合和海胆受到重创，然而双壳动物和鱼类受到的影响似乎要小得多。在陆地上，森林仿佛被许多居民抛弃了，这里只剩下落叶树，两栖动物和爬行动物中的"失踪人口"不计其数。

2.5 亿年前，生命处于巨大危机之中。但正如你已经猜到的那样，生命是无论如何不会就这么消失的！地球及其居民的历史仍在继续……

[①]　即第三次物种大灭绝，也称作二叠纪 – 三叠纪灭绝事件。——译者注

穿越沙漠

在盘古大陆上，除了相对温和的沿海地区外，其余地方都被高温笼罩。在距离海洋最远的最干燥的地区，即便在阴凉处，温度每天也会上升到 50℃。气候已经热得难以忍受。火山活动释放到大气中的二氧化碳并不是唯一的罪魁祸首，另一个可能的参与者是甲烷，这是海洋沉积物中的有机物所释放的一种气体，由在海底繁衍的古菌产生，能引起很强的温室效应。

侥幸逃脱各种捕食者攻击的生物，如今又要穿越沙漠——无论是在字面意义上，还是作为一个比喻，这都是生命的沙漠。生命正在经历艰难时刻：盘古大陆只不过是一片广袤的光秃秃的陆地，植被稀少，动物群落的行踪隐秘。这确实是一片沙漠，从今天的俄罗斯一直延伸到北美洲。虽然仅有几条罕见的小河穿流而过，但这些河流从未停止输送来自海西造山带的卵石、砾石和沙子。

在 2.5 亿年前，在今天法国阿尔萨斯所在的广阔三角洲平原上，一条河流因连续不断的洪水而发生了变化。这条河流很不稳定，它其实就是一个由交织的水道所形成的网络，而这些水道被暂时存在的小岛分隔，那里的沉积物堆积了数百米厚，在被压实后转变为砂岩。

这些砂岩因铁或锰的氧化物而呈现出不同的颜色，地质学家称之为杂色砂岩。拥有 50 种色调的砂岩被狂风磨损、雕琢，狂风中充满了沙粒，席卷了满是碎石的荒漠和一座座沙丘。

在盘古大陆中部，降雨变得异常罕见，一条条河流逐渐消失，无法再为与海洋隔绝的内陆海提供水源。一有可能的话，热量就会再次增加，蒸发加剧。在逐渐消失的内陆海底部，黏土沉积下来，并与最初溶解在水中的不同类型的矿物盐结合，比如石膏、无水石膏、岩盐和钾盐。盐给欧洲的大部分地区罩了一个外壳，这白色可与流行的红色相媲美了……

绿色在某些地方还能一直旺盛不衰，在多雨的沿海地区、少数湿度还够高的赤道森林地区，以及大河流的附近，绿色仍然占据主导地位。巨大的针叶树、蕨类植物和银杏为当地的大部分动物提供了庇护。

新人登场

在大约 2.3 亿年前，就在濒临灭绝之际，生命再次展现出了韧性。曾被废弃的许多生态位在新物种中激起了渴望，秉持机会主义的竞争者很快就从中受益，尤其是那些不断繁殖、变得多种多样的爬行动物。

恐龙也来了。它们与原始爬行动物不同，虽然两者都有四肢，但恐龙拥有了爪子来支撑身体，运动更加灵活。整个盘古大陆很快就被这些新来者占领，即便是在最寒冷的地区，这也许要归功于调节身体温度的新陈代谢功能。

其他小型生物也有控制体温的能力，但它们的处事态度更谨慎。这就是哺乳动物。此时，它们的体形和外观都很像鼩鼱，比如大带齿兽。温热的血液使它们不必完全依赖阳光照射，因此，它们更喜欢昼伏夜出，来躲避捕食者，这也让它们发展出比视觉更适合夜游的感觉——听觉和嗅觉。

在天空中，巨型蜻蜓变得越来越稀少，取而代之的是飞来捕食小得多的昆虫的爬行动物。它们叫翼龙。最初，在练就拍翅飞行之前，这些爬行动物只是尝试着盘旋。它们的体形适中，翼展也随着时间而增大。那些无可争议的海洋主宰者却不同，它们的体量已经非常之大。鱼龙，这位可怕的掠食者拥有流线型的身体，配备了四个游泳用的"桨"，完全适应了海洋环境。但菊石可能遇到麻烦了，因为许多海洋爬行动物都把菊石当美食，毫不犹豫地一口咬住它们本应能保护自己的壳。

生活不是一条平静的长河。危险随时随地都在。在大约 2 亿年前，一颗巨大的小行星撞击了今天法国中央高原的花岗岩和变质岩基底，就在当今法国中部利穆赞（Limousin）的位置。冲击力之大，撞出了一个直径约 30 千米的陨击坑。而周围的岩石，无论其特性和抗击力如何，都被一击粉碎。大片地区内所有形式的生命都被消灭，但是，世界末日还远未来临。在地球上的其他地方，那些新来者——爬行动物、哺乳动物及其他居民，无忧无虑地享受日常生活，却不知道另一场考验在等待着它们……

盘古大陆开始显示出崩裂的迹象。间歇泉通过喷发孔从超大陆的中心喷出，这是岩浆剧烈活动的前奏……地壳逐渐伸展、变薄，然后在岩浆压力下，某些地方开始松动。玄武岩熔岩流从地幔上升，蔓延到数百万平方千米。大量的水蒸气、二氧化碳、甲烷，甚至可能还有汞被排放到大气中。这种情况并不新鲜。

气候影响很快就会到来。随之而来的变暖引发了一场新的生物危机，虽然比之前的毁灭程度要小，但也绝非微不足道。大多数生物损失惨重。在海洋里，鱼龙受到了沉重打击；菊石在地球上生活了 1.9 亿年，与大祸擦肩而过。在陆地上，哺乳动物和恐龙似乎没有受到特别显著的影响，针叶林也繁衍生息，而两栖动物和其他爬行动物却未能幸免。

世道如此不公，谁料连背后搅局者的身份都无法确定！如果说，一场非同寻常的火山喷发是造成上述悲剧的主要"嫌疑人"，那么其中貌似还牵扯其他"要犯"：更多甲烷释放到大气中，海洋中的氧含量下降，海平面无论如何都不会停止上下波动。各种假设相互冲突，疑问依然存在……

花边新闻

陨石不再常见，但仍会时不时落在地球上，可是，它们甚至没有压死一条小狗……原因很简单，因为那时狗还不存在啊。交通事故不会发生，也没人制造暴力冲突。好吧，本专栏只报道与咱们这颗星球相关的其他重大事件。

比如说，盘古大陆正在经历最后的时刻。在大约 1.8 亿年前，这片超大陆开始崩裂，对动植物造成了严重的附带损害。它分裂成了两大块：南部的冈瓦纳古陆恢复了独立，而北部的劳亚古陆正悄悄地远离这位以前的同伴……"离婚"已成定局。在刚刚分开的两块大陆之间，大西洋的中部逐渐敞开，它向东连通另一片海洋——特提斯海①，它就是地中海的祖先。

然后，冈瓦纳古陆开始断裂。在 1.6 亿年前，它被一条长长的海湾分隔成两块，海湾与特提斯海相连，印度洋即将

---

① 在希腊神话中，特提斯是海洋女神，天空之神乌拉诺斯和大地女神盖娅的女儿。

显现。在西方，今天的南美洲、非洲和阿拉伯地区仍完整如一。在东方，今天的马达加斯加、印度、南极洲和澳大利亚这些主角之间的关系开始变得紧张起来，但当时还苟且聚在一起。

往北，劳亚古陆也走向分裂，但尚未真正崩溃。大西洋继续扩张，从赤道地区延伸到拉布拉多尔海。格陵兰岛仍与北美洲和欧洲融为一体。

在法国，海水多次侵入，仅留下海西造山带的最后一些地貌，特别是阿摩里卡丘陵、阿登高地和中央高原。众多被海水间隔的岛屿形成了一组巨大的群岛。群岛的轮廓曲曲折折，随着海侵和海退不断变化，也随着潮汐的节奏被数次重新勾画，每天都会出现一个充满生命的广阔海滩。

生活场景

　　巨大的珊瑚礁在沿海地区附近生长，形成了广阔的潟湖，为许多生物提供了足够的栖息之地和藏身之所。俗话说得好：睡个觉，能解饿。当海上风平浪静，珊瑚礁保护着栖息地不受海浪的影响时，各类生物就可以尽情地休憩、觅食和繁衍。海龟很自在，水中的鱼也一样，在这种如同热带水族箱的环境中，鱼类也会轻松地演化。

　　在珊瑚和海绵覆盖的海床上，海百合优雅地展开它们的萼，与随水流摇曳的海葵比美。再往前走一点儿，一群腹足类动物和海胆吃着小海藻。海星下定决心剥开双壳类动物的外壳，但它的努力没得到好报：一只箭石游来，把海星才咬了一口的猎物给抢走了。不得不说，箭石这种长得和墨鱼很相像的头足类动物，实在贪婪极了。

　　在更远的地方，鱼龙也在捕猎。不久之前，蛇颈龙也加入了捕食者的行列。这种可怕的掠食者长着极长的脖子，让人联想起尼斯湖水怪。蛇颈龙闯入，把鱼、箭石、菊石一口吞灭。但这些顽强的小生物仍能在从赤道到极地的海洋中，实现前所未有的繁荣和多样化。

菊石也属于头足类动物，生活在螺旋状、有隔壁的壳中，它的软体部分生在前方的住室里，后方是以隔壁间隔开的几个空的气室，通过一根虹吸管（体管）连通。这样一来，气室就可以充满液体或气体。因此，这种动物能像潜艇一样在水中控制自身的浮力，随意处在不同深度的水域。至于它们选在何种深度生活，也许是各有所需，也许是出于气候原因，也许只是一时兴起……

也许是想找吃的——饱餐一顿不是问题了，洋流中有着大量浮游生物，绝对管够。在 1.5 亿年前，爬行动物是水生环境中最庞大的居住者，然而数量最多的是这些在海水中繁衍生息的微小生物。它们如此低调，肉眼看不见，但对食物链来说至关重要……有时，海流会从很深的地方升起，卷起一群有孔虫。这种单细胞动物生活在带孔的钙质壳内，借此与外界环境交换物质、觅食。在此之前，它们只生活在海底；但现在，它们响应大海的号召，成为伟大的旅行者，前往更广袤的海域落地生根。

然后出场的是放射虫，它们中体形最大的达到了十分之几

毫米——已经很了不起了，但天生的小体格并不妨碍它们获得伟大的创造力。这些微小动物是真正的雕刻家，是用硅雕琢自己骨架的艺术大师。每一个物种都有自己的诀窍，世世代代小心翼翼地保存着自己的特技，创造出精美的小杰作。

时过境迁。随着盘古大陆分裂，海水淹没了越来越多的地方。气候变得更潮湿，热带阵雨促进植被的复苏，有些恐龙知道如何利用这一点……

剑龙像羊群一样，几十头聚在一起，静静地在那里吃草已经好几个小时了。它们长着小脑袋，背上插着三角形大骨板，尾巴上带着尾刺，看起来十分滑稽。在距离剑龙几十米的地方，同样安静的梁龙正利用它庞大的体格和 25 米左右的身长啃食高大树木上的嫩芽。今晚看起来很平静，但要当心！一只异特龙正潜伏在水坑边，静静观望，食草动物很快就会在日落前来这里喝水。这只捕食者尽管重达两三吨，但行动速度极快。它已经准备好进攻，可惜为时已晚。它的猎物凭借"第六感"察觉出危险，迅速走开，藏入蕨类、苏铁、银杏和南洋杉等植物中。

夜幕降临。天空中繁星点点，星光已经闪烁数十亿年，见证了太阳和地球的诞生，见证了月球的诞生和地球上生命的出现。现在，它们正照亮着恐龙，就像电影《侏罗纪公园》里展现的那样。

展羽飞行

当生命在全球的陆地上和海洋中都恢复了往昔的繁荣时，天空也应该为新时代做好准备。翼龙已经霸占空域数千万年，而另一种爬行动物也在试图进入天空。

这种爬行动物就是恐龙，有些恐龙演化出翅膀，开始探索新空间。翅膀不再只是一层薄膜，而开始覆盖羽毛了。这种羽毛的产生并非如人们最初推测的那样是为了更好地飞行，而是为了保温，以免身体受冻，或许也是为了让众生惊叹。要知道，另一些恐龙也有羽毛，但是它们没有占据天空的生理能力。为了给对手留下深刻印象，或者为了漂亮地取得胜利，还有什么是不能做的？

演化探索了各种道路，试探了所有的可能空间，把一切荒诞的想法为己所用。一些恐龙甚至在后腿上长出长羽毛，把它们当作第二对翅膀。近鸟龙就是如此。它像鸡一样大，用长长的爪子爬树，只能从一根树枝滑翔至另一根——以这样的形态，展翅进行长距离飞行还是很困难的。

这些有羽毛恐龙是先驱，它们可能受到了蜻蜓的启发，就像法国发明家布莱里奥（Blériot）在 1907 年制造的飞行器，前有一对翅膀，后有另一对翅膀。对于人类飞行先驱来说，这是一次失败；但对于恐龙来说，这是一个进步——一次又一次的转变，一次又一次的突变，终于迎来了始祖鸟。

想必，这种长有牙齿的古老动物在第一次飞行尝试中不会太顺利，因为尽管它有着长长的尾巴和覆盖着羽毛的翅膀，但它还没有胸骨。由于缺少当代鸟类所拥有的骨骼，以及附着其上用于带动翅膀的肌肉，因此它们的飞行运动会比预期更危险。

在翼龙的傲视下，恐龙学习飞行的历程还将持续几代。而翼龙继续在空中翱翔，以昆虫和小鱼为食。它们将与有羽毛的动物共存，共享天空近一亿年。

蜂舞花丛

在 1.3 亿年前，当首批鸟类正努力完善自己的飞行设备和技术时，地球却一直在围绕太阳运行，万事不理。然而，月亮悄悄地远离了，给地球踩了一脚刹车，让它每天所跳的华尔兹变得越来越慢。

冈瓦纳古陆被分割成两块，美洲已经从非洲分离出来。美洲陆地板块移动，让南大西洋逐渐开放，也让太平洋的海底俯冲到美洲陆地板块的西缘之下。内华达山脉和安第斯山脉的火山地貌很快初现。

在东方，今天的澳大利亚和南极洲正享受着共同生活的最后时光，此后，它们将接受完全不同的命运。而今天的印度洋板块在马达加斯加岛的暂时陪伴下，选择了另一条路线。

在陆地上，虽然植物景观仍以针叶树和树蕨为主，但落叶树也开始散播了。新物种与银杏一样会开花，彻底改变了环境。木兰在我们星球的历史上率先用鲜花装点风景，用芬芳熏

染空气。对动物的感官来说，这种诱惑实在难以抵挡。尽管开花的植物——当然还有结果的植物——在地球上出现已久，但直到 1 亿年前蜜蜂到来之前，鲜花也只能待时守分。像蝴蝶和其他昆虫一样，蜜蜂这种小家伙积极参与了花粉的传播，协助了新植物的"繁衍"，而这些新植物也会尽一切努力来吸引它们。

这就是人类所说的互利互惠……不像在今天，人类虽然总想着如何攫取蜂蜜，却用各种杀虫剂打断了物种间的协作。我们如何还能看到蜂舞花丛？

爬行天下

爬行动物在地球上已经定居了 2 亿多年。羊膜卵，让爬行动物离开了水生环境，让恐龙能够减少对气候条件的依赖，在地面上产卵最终将足迹遍布地球。地球上几乎除了恐龙，还是恐龙！许多恐龙已经消失了——剑龙、梁龙和它们的掠食者，不过是其中的几个例子，现在都只剩下化石骨骼。其他物种取代了它们，作为演员暂时站在舞台的中心，准备面对任何变化，努力确保自己能活下去。

覆盖鳞片的恐龙、长毛发的恐龙、身披羽毛的恐龙——嗯，有点儿古怪。有生着角的，也有生着突出背脊或刺的；有食草的，有捕猎的，有食腐的，有吃鱼的，有逮虫的，还有什么都往嘴里放的；有武装到牙齿的，也有赤膊上阵的；有长着巨长脖子的，也有根本没脖子的；有重达几吨的，也有仅重几百克的；有爱慢慢走路的，也有更喜欢用两条或四条腿奔跑的，还有会飞的——事实上，它们已经算是怪鸟了。

121

总之，这些动物已经适应了所有环境条件，变得无处不在……或者说，几乎无处不在。恐龙不是水手，虽然有些恐龙经常去海滩或在潟湖里觅食，却止步于此。恐龙把大海留给了其他爬行动物：鱼龙，很快就会消失了；蛇颈龙，在大约一亿年前统治着所有海洋；鳐鱼和鲨鱼，体形虽然相对小，却会在大海中并驾齐驱一段时间。

游小人国

在爬行动物横行天下的时候，其他动物活得更低调。比如，哺乳动物体形不算大，族群也不是很繁盛，它们白天躲在巢穴里，等待黄昏降临，出门寻找食物。两栖动物仍然无忧无虑地在沼泽里涉水，在河岸闲逛，耐心等待着一只迷路的昆虫路过。菊石、箭石、腹足动物、棘皮动物、双壳动物、鱼类等都属于一个沉默的世界……哦，别忘了那群小家伙。几乎不可见的微生物生活在自己的小人国里，在那里，它们就像大型爬行动物一样恣意妄为，而且数量要多得多。

这些数不胜数的微型浮游生物通常是单细胞的个体，它们无声无息地活着，在其他植物和动物的漠视下，在海洋中游荡，任凭海浪搅动，在不同海域间穿行，漂流数千千米……这神秘的浮游生物群到底是什么？

当然，其中有有孔虫和放射虫。此外，地球上还出现了各种硅藻，这些微藻经历了前所未见的繁荣。浮游生物是鱼类、软体动物、甲壳动物和水母在幼年记忆中的美味。这些动物的幼体总在浮游生物附近游荡，但这是暂时的，它们只是为了吃东西，好快些长大，去别处生活。

在这群浮游生物中，有无数的微生物演化、繁衍，也有无数的微生物慢慢消失，无论怎样，它们都是默默无闻的。每时每刻，它们被食物链中的异族，比如鱼类、头足类动物、爬行动物大量吞食，但是，它们中的绝大多数最终走向了自然死亡。它们的掠食者也是如此，谁也不是永恒的不死之身。

从最大到最小的尸骸都以有机物的形式积聚在海底，当这些有机物与海水中的氧气接触时，就会被分解，除非尸骸被迅速掩埋在沉积物中，不受可能将其分解的氧气的影响。然后，它们就此被保存下来，被细菌逐渐转化为干酪根 [①]，这种新物质被揉压渗透到了沉积物中。沉积物成为真正的岩石后，如果继续被埋藏的深度超过 1 千米，压力和温度就会升高，继而在干酪根中引起一系列物理、化学反应。这些复杂的反应会催生一种黏糊糊的液体，这种液体结合了一些气体，其中主要是甲烷，也包括丙烷和丁烷，混合着少量的氮气、二氧化碳和硫化氢。

[①] 沉积物经过复杂的石化作用所形成的、可生成石油天然气的无定形有机物。

——译者注

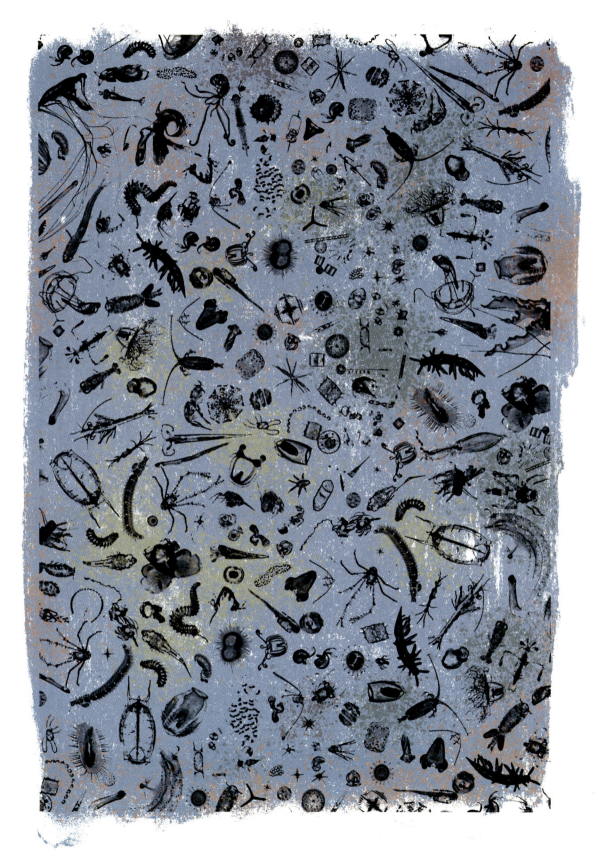

黏稠的液体和其中的气体形成了碳氢化合物，分散在沉积岩的内部，沉积岩① 既是它们出生的家园，有时也是困住它们的牢笼。正因如此，如此形成的矿产被称为页岩油和页岩气，以人类当前的技术水平，开采难度仍然较大。但这类碳氢化合物的密度不大，总是急于逸出，所以，它们经常迁移到较浅层的多孔土壤中，在那里积聚成丰富的矿床。

可见，碳氢化合物的产生要基于大量的有机物，同时，有机物必须被迅速埋藏，以防止氧化——在地球的历史上，特别是在约 1 亿年前，很多地方多次满足了这些条件。诞生于这一时期的矿床如今在北美洲（如加拿大、美国和墨西哥）多有发现；在南美洲的最北端（如厄瓜多尔、哥伦比亚和委内瑞拉）也有发现；当然，还有中东，那里拥有世界三分之二的储量。后来的故事你也许已经知道了，珍贵的"黑金"被肆无忌惮地攫取，有的做出了巨大贡献，有的被用到了坏地方。

---

① 其实是沉积岩中的页岩。——译者注

海洋墓地

在 1 亿年前，当冈瓦纳古陆和劳亚大陆继续分裂时，火山活动加剧，特别是在山脊上，喷发量大幅增加。火山活动导致温室气体排放增加，继而全球变暖。随着冰盖消失，全球的海平面比今天高大约 200 米。从北美洲经欧洲和非洲，直至印度和澳大利亚，地势较低的陆地基本被淹没。

今天的法国大部分地区当时被洪水淹没，尤其是诺曼底和整个巴黎地区。英格兰南部也被淹没，而英吉利海峡还远未出现。此时，海水平均温度超过 20℃，无论是浮游动物还是浮游植物都得以大量繁殖，其中就有颗石藻。这种微小的单细胞藻类悬浮在几十米深的水中，外有球形钙质壳保护。

这些海藻身在天堂般的环境里，却仍然躲不掉桡足动物的捕食。这种小甲壳类动物喜欢吃颗石藻，但显然难以消化它们坚硬的盔甲，只能当粪便排出去。如此一来，数以亿计的颗石藻碎片残骸堆积在海底，里面还藏着一些双壳类动物、海胆和海绵的尸骸，尤其是被细菌分解过的尸体。

这片庞大的"墓地"不断被水流冲刷，一些食腐动物或穴居生物经常光顾这里，遍地的钙质碎片逐渐形成地层分带，随时间的推移被掩埋，堆积了数百米厚。在短短几百万年的时间里，这些碎片会被压实成一种真正的岩石——白垩。今天，这种岩石经常暴露在风雨的洗礼下，无论冬夏，无论昼夜。在法国诺曼底的迪耶普（Dieppe）海岸和象鼻海岸，以及在英国南部的"七姐妹白崖"，白垩构成了雄伟的悬崖。悬崖在水的侵蚀下逐渐变得脆弱，底部又在海浪的日夜拍击下逐渐遭到破坏——大海，大海啊，永远在重新开始！[①]……

---

① 法国诗人保罗·瓦雷里（Paul Valéry）于 1920 年创作的诗《海滨墓园》（*Le Cimetière marin*）中的一句诗，这里选择的是翻译家卞之琳的译本。——译者注

世界新知

大西洋的中部和南部打开了，每天都在扩大一点点，就像我们的指甲和头发一样疯长。别急啊！在地球的另一边，在大约 8000 万年前，印度洋板块慢悠悠地与马达加斯加岛分离了，它将改变路线，向北前进，一场非凡的冒险等待着它。

陆地之上，在昆虫传粉的帮助下，会开花和结果的植物以及草类繁盛起来。有些哺乳动物和鸟类也成了"同谋"，不知不觉地帮助植物传播着种子：种子埋在它们的毛发和羽毛中，挂在它们的腿上，甚至藏在它们的肠道中……直到此前不久，地球上还没有这种食物，应该向它们致敬一下。

恐龙还在。当然，它们之中也出现了值得大书特书的新物种。霸王龙的身影遍布北美洲、印度、中国和蒙古。正像我们在今天猜想的，它擅长撕裂猎物的肉。霸王龙（正名 Tyrannosaurus，但大家都爱叫它的昵称 T. rex）是已知地球上存在过的最大的食肉动物之一。它能攻击任何会移动的猎物，甚至包括三角龙。三角龙可重达数吨，后脑勺上的大颈盾极具威慑作用——但在霸王龙面前没有任何效果。对霸王龙来说，这些食草动物的震慑力远比不上它要不时对抗的那些肉食同类。

在海洋中，新的掠食者加入了蛇颈龙的行列，蛇颈龙不得不好好应付它们，随时保持高度警惕。新成员——如果可以把它们当"新人"的话——就是沧龙，这种体长可超过15米的巨型爬行动物虽然适应了海洋，但仍然要时不时浮到海面上呼吸。沧龙巨大的匕首状牙齿简直就是为了杀戮而生的！不用说，蛇颈龙也有大麻烦了，更不用提那些早就惶惶不可终日的鱼类、龟类、菊石和箭石了。

据说，沧龙甚至会时不时攻击"天空之王"——翼龙，至少会骚扰体格最小或最年轻的翼龙。在这个时候，这类会飞的爬行动物已经演化成庞大的"机器"。当全身覆盖着毛发的风神翼龙[①]落在陆地上时，"遮天之翼反让它步履维艰"[②]：风神翼龙的膜状翅膀的翼展超过10米，这让它很难在干燥的地面上移动；而飞行会消耗大量能量，还需要调节体温。

[①] Quetzalcoatlus，源自阿兹特克文明里"披羽蛇神"克察尔科亚特尔（Quetzalcoatl）的名字。

[②] 法国诗人夏尔·波德莱尔（Charles Baudelaire）的诗歌《信天翁》中就是这样描绘信天翁这种巨大的鸟类的。

随着时间的推移，鸟类变得多种多样，获得了逐步占领天空的信心，如今，它们早已是无可置疑的"天空之主"。

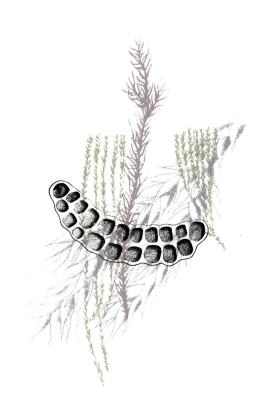

适者生存

丰富多样的恐龙统治了所有大陆，从不把其他动植物放在眼里——这种统治能持续下去吗？

在大约 7000 万年前，地球整体的气候开始变冷。本已大幅缩小的冰盖再次扩张，全球海平面迅速下降。海水逐渐退去，海滩上的生态系统被扰乱。有些物种走向灭绝，危及了它们的海洋捕食者。在海洋中，数千万年来不断减少的菊石和箭石再次受到威胁。在各大洲，失踪事件愈演愈烈，大型蜥蜴和恐龙尤其如此，它们的数量正在急剧减少。

与此同时，印度洋板块继续向北前进，变成了 6600 万年前一场火山大爆发的受害者。在大陆的中部和西部，熔岩流遍布广阔地面，积累厚度近 2000 米。灰烬、水蒸气、二氧化碳和含硫化合物侵入大气。早已动荡了一段时间的全球气候变得更不稳定，变化也更显著。无法适应这些快速生态变化的生物，灭绝的概率越来越大……

突然，天空中出现了一个光点。一颗神秘的星星正全速驶向我们的地球——这可不是埃尔热^①的想象，这是真的。一颗巨大的陨石坠落在今天墨西哥的尤卡坦半岛。整个地球在撞击下颤抖，撞击造成了一个直径 170 千米的陨击坑。巨大的热焰裹挟着岩石碎片，喷射到大气中。最大的碎片在落到地面之前被加热到白炽态，照亮了苍穹。植被燃烧。细小的灰尘侵入大气层，地球在一段时间内陷入了黑暗。

再一次，全球陷入寒冬。植物就算没有被烧毁和烤干，也会因为失去阳光而无法正常进行光合作用。很快，它们就会因缺乏能量而枯萎。对于大型食草动物来说，生活变得异常艰难。食物链遭到严重破坏，很快，就轮到大型食肉动物挨饿了。但没人理会它们的哀嚎……

在海洋里，海水中的硫酸含量略有增加，侵蚀了有着钙质外壳的生物，它们只能一个接一个地消失。在微小的生命中，有孔虫受到了影响，但放射虫和硅藻躲过一劫，因为它们的硅质外壳能够抵抗这场化学袭击。

印度洋板块上的火山活动本来已经趋于平静，可能因为陨石撞击而被重新激活了。虽然撞击点距离岩浆喷出的地

---

① 比利时漫画家埃尔热（Hergé）的漫画作品"丁丁历险记"系列的第 10 册《神秘的流星》。

方很远，但这场暴击震动了地球的内部。岩浆和气体的排放量升高，加剧了气候失衡，各类生物注定走向绝望的深渊。无论对于恐龙，还是许多其他动物来说，这就是致命的最后一击。

生命复兴

太阳终于在这颗惨遭重创的星球上重新升起，黎明却迟迟不来。大气层仍充斥着火山灰和有毒气体，但它已经在努力自我净化了。在陆地上，恐龙刚刚被消灭——几乎吧，因为今天的所有鸟类，包括微不足道的小麻雀，都是这些爬行动物的直系后代。

在下个周日，全家聚餐的时候，一只烤鸡被端了上来……你复仇的机会来啦！绝对要多吃上几口。毕竟，仔细想想，假如恐龙没有成为这一系列不可思议的悲剧事件的受害者，那么，弱小无助的哺乳动物也许至今仍然是被压抑的困兽，没有存在感，没有未来，只能躲在自己巢穴的深处，嚼着几块腐肉。

对我们来说，幸运的是，历史做出了不同的决定……在躲藏了数千万年，耐心等待自己的时代到来之后，我们那些以幼虫、昆虫或腐肉残渣为食的遥远祖先，终于获得了自由——菜单有什么重要的？它们还在那儿，还活着，这就够了！然而，那些生存在另一个时代的恐龙将一直萦绕着人类的思绪，直到世界末日来临——活下来的鸟类其实也能丰富他们的想象，想想希区柯克的电影[1]吧；此外还有两栖动物、鳄鱼、鲨鱼，这些动物都克服了新的挑战。

这场生存危机的幸存者会更受大自然的青睐：在大约5500万年前，全球气候意外地变暖了。极地地区的温度超过了20℃。西伯利亚和阿拉斯加地区覆盖着大面积的温带和亚热带森林，其中还有落叶乔木，这种树木凭借种子抵御了最可怕的自然灾害：生命胶囊可以静待好日子，繁衍后代。

冷血爬行动物的活动与环境温度直接相关，气候变暖简直是天赐良机。蛇类欢欣鼓舞。哺乳动物的新生活开始了。生命复兴促进了哺乳动物的繁衍和多元化发展，最终，其中诞生了达·芬奇、伊拉斯谟、米开朗琪罗、龙萨、伽利略等文艺复兴时期的巨匠……

但在当时，这些哺乳动物探索世界的策略还不太一样，它们要利用一切环境条件：在旱地，灵长类动物的祖先已经出现，只是如老鼠般大小；在大约5000万年前的海洋里，鲸类

---

[1] 美国电影导演艾尔弗雷德·希区柯克（Alfred Hitchcock）在1963年拍摄了一部悬疑电影《群鸟》（*The Birds*）。

动物适应了水域环境；在天空中，蝙蝠前来挑战鸟类，哪管鸟类有时仍是恐怖的掠食者。这些通常无害的鸟类已经失去了牙齿，但仍然有着强大的喙和鳞状的腿，在腿的末端生出锋利无比的爪。鸟类想借此证明自己的伟大身世，向世界展示，它们的远祖也曾有过辉煌的时刻……

爬行动物的祖先见证了大西洋的诞生，这片大洋的开口逐渐向北极扩展。北美洲已与格陵兰岛分离，而格陵兰岛仍与欧洲相连——但能相连多久呢？

连锁碰撞

从非洲南部出发，在经过漫长的旅程后，印度洋板块在大约 5000 万年前到达了目的地。在俯冲入欧亚大陆下方的特提斯洋壳的推动下，印度洋板块以每年超过 15 厘米的惊人速度正面撞击欧亚大陆。在剧烈的冲击下，陆地边缘出现了裂痕，继而爆裂开来，巨大的"碎块"喷向东南方向，构成了今天的中南半岛，以及马来群岛中的加里曼丹岛等岛屿。

印度洋板块的移动速度明显放缓了，但在一往无前的势头下，它仍在前进。印度洋板块俯冲到欧亚大陆下方，引发了猛烈的地震，陆地板块重叠在一起。这次大碰撞将产生一条巨大山脉——喜马拉雅山脉。该山脉在约 5000 万年前就开始生长，至今仍占据着"地球制高点"的殊荣，一举囊括珠穆朗玛峰、马纳斯鲁峰和安纳普尔纳峰等几座著名的高峰。向深处看去，埋藏在数十千米下的岩石在变质作用下受到巨大压力，发生了重结晶，形成了石榴石、翡翠、蓝宝石、红宝石等矿物——其

貌不扬的小石头从矿井中被开采出来，激发了人们的欲望。自古以来，地下资源往往会影响地缘政治，无论是水源、石油、宝石、金属还是其他稀有矿产……

再往西看，非洲板块也在向北移动。挡住它前路的，是一个很久以前就分裂出来的小板块——亚得里亚海板块。在4000万年前，亚得里亚海板块与欧洲大陆相撞，将位于两者中间的海洋全部填平，在喀尔巴阡山脉和地中海之间形成了阿尔卑斯山脉。如今，在海拔超过2000米的凯拉山（Queyras）和维索山（Mont Viso）一侧，以及在科西嘉岛的因泽卡峡谷（Inzecca）中，我们仍然可以观察到这片曾是海底的高山的锯齿状地貌。

与此同时，如今的比斯开湾逐渐张开，并让另一个小板块开始旋转，远离阿摩里卡丘陵，靠向法国南部——这就是伊比利亚半岛，它的移动引发了新碰撞，造就了比利牛斯－普罗旺斯山脉。今天，这条山脉在地中海以西就中断了，但最初，它一直延伸到了法国东南地区的摩尔山（Massif de Maures）和埃斯特雷尔火山山脉。

因此，今天的欧洲和亚洲的所在地曾经是不同大陆的冲突焦点，但在地球的另一边，也形成了其他不容忽视的地质风貌。经过几千万年的打造，最初的起伏地貌终于形成了美洲的脊梁——内华达山脉、落基山脉、马德雷山脉和安第斯山脉等，几乎连续不断地从北美洲的阿拉斯加地区一直延伸到南美洲的智利南部，其中，海拔约 7000 米的山峰并不少见，比如壮美的阿空加瓜峰[①]。

然而，这里并没有发生任何碰撞，只是太平洋板块俯冲到美洲板块之下。俯冲作用会筑造起大量可能会爆发的火山，因此，人们给环太平洋的边缘起了个昵称——火环[②]。火山遍布今天美国的西海岸，而亚洲一侧的火山也同样多，火环从北部的堪察加半岛贯穿到南部的克马德克群岛，途经日本、菲律宾和许多其他岛屿。

一些火山已幸运地成为一种标志，还有一些火山多少有些无奈地出了名。大多数火山是默默无闻的，在安第斯山脉却有一个无与伦比的存在——钦博拉索山，其最高点的海拔仅有6263 米，但那里是距离地心最远的地方。原因很简单：我们的地球不是一个完美的球体，而在这座火山所处的赤道附近，这个球体更加凸出。然而，这并不妨碍珠穆朗玛峰保持世界最高峰的纪录，它的海拔有 8848 米。这也不妨碍夏威夷的冒纳凯阿火山成为地质学家眼中的地球最高山峰，它的制高点距离海底 10 210 米。一切都是相对的！

---

① 较确切的数据是海拔 6962 米，是南美洲第一高峰。——译者注
② 即环太平洋地震带，又称环太平洋火山带。——译者注

沟壑纵横

喜马拉雅山脉、阿尔卑斯山脉、比利牛斯山脉、内华达山脉、安第斯山脉……一座座山脉继续朝着天空升起，每年能长高几厘米。在地球上，有些地方的板块发生碰撞，陆地被挤压，纵向形成凸出的地形。然而，有些地方却在不断横向扩张。

在大约 3500 万年前，北大西洋终于完全打开，将格陵兰岛与斯堪的纳维亚地区分开。美洲终于"独立"，自此，大西洋两岸的动物将以不同的方式演化，特别是灵长类动物。

在南方之南，德雷克海峡隔开了南美洲的合恩角和南极洲的迪塞普逊岛（也称欺骗岛），它打开的豁口使得极地周围形成了巨大的海水流。这股冰流的形成，外加大气中二氧化碳含量的下降，导致全球气候再次变冷。气温迅速下降，冰盖覆盖了南极洲。全球的海平面下降了约 50 米。在北半球，此前一直连通里海和北冰洋的图尔盖海峡耗尽了最后一滴水。当时，大家可以在不弄湿毛发的情况下从亚洲移居到欧洲，许多哺乳动物趁此机会从一个大陆迁徙到了另一个大陆。

在阿尔卑斯山脉的边缘，地壳膨胀，让欧洲大陆的地基面临破裂的威胁，最终形成了今天所谓的西欧裂谷——在从北海到地中海的断层包围下，土地塌陷形成了一连串沟渠。在法国东北部，孚日山脉和黑森林之间的阿尔萨斯平原就是这些沟渠之一。继续向南延伸，这片平原衔接上了法国东部的拉布雷斯和利马涅平原的两处同类型的沟渠。一般来说，塌陷形成的沟渠随后会被海洋入侵而形成的大湖泊占据。在那里，沉积物的厚度差别很大，在某些地方可以达几千米厚。再往南，2500万年前的普罗旺斯地区又发生了断裂，撕开了今天的利翁湾。科西嘉岛和撒丁岛最初都属于今天法国南部的朗格多克地区和蔚蓝海岸地区，随后启航离开，旋转，逐渐走向今天所在的位置。

与此同时，非洲板块也被来自地幔的大量热流撕裂。一片海洋即将显现，形成红海和亚丁湾。阿拉伯半岛开始向北移动，裂缝之网向南延伸数千米，形成了东非大裂谷。裂谷穿过埃塞俄比亚，然后分成两大分支，继而在坦桑尼亚再次汇合。在被水侵入的裂谷底部及其陡峭的一侧，火山多到无法计数。后来，其中一些火山成为著名的山峰，如肯尼亚山和乞力马扎罗山。

东非大裂谷两侧火山林立，而欧洲的裂谷也与岩浆的明显上升有关。例如，1300 万年前的法国中央高原出现了由地幔直接升起的山地。这片火山的直径达到 60 至 70 千米，是欧洲最宽广的火山地。如今，在经过多年侵蚀和滑坡后，它只剩下一片"废墟"，最高点在海拔 1855 米的康塔尔峰。

走出森林

时间来到 1000 万年前，地球整体气候开始变得干燥。原本遍布几乎所有纬度的森林，此时基本上缩回到了赤道附近和热带地区——这些地区总能保证水源充足，但在其他地方，树木变得越来越稀有，取而代之的是耗水量较少的灌木和草本植物。在大草原上，动物别无选择，只能适应不断变化的环境。大象、斑马和羚羊是如此，刚出现在非洲大地上的人类始祖也是如此。

在大约 700 万年前，图迈[①]诞生在树木繁茂的湖泊边。它也许是人类家族的第一位代表，偶尔，它会用双足行走，以树叶和水果为食……就像图根原人[②]和地猿[③]一样，这两种灵长类

---

① 2001 年，科研人员在非洲乍得发现了一组罕见的骨骼化石，认定它们属于一个新物种——乍得沙赫人，并将化石的主人昵称为"图迈"（Toumaï），意为"生命的希望"。有些科研人员认为，这种灵长类动物可能是迄今为止发现的最古老的人类祖先，但也有古人类学家认为，其血统或许更偏向于大猩猩和黑猩猩。

② 双足人族动物，学名 Orrorin tugenensis，遗骸于 2000 年初在肯尼亚出土，大约在 600 万年前生活在该地。

③ 双足人族动物，学名 Ardipithecus ramidus，遗骸于 1992 年被发现，大约在 450 万年前出没于东非。

动物不再是普通的"猴子"了：这些稍晚出现的灵长类动物仍会在树上生活，但是，它们会在地面上仅用后肢行走。生物演化从来不缺乏想象力，无论此时在世界各地发生了什么，进步将不可避免地继续下去……

在 600 万年前，此前大西洋在伊比利亚半岛和非洲之间一直向地中海供水的两条通道部分关闭了。天气炎热，降雨稀少，海平面因强烈的蒸发而下降了约 1500 米。大量盐层沉积下来。但直布罗陀海峡的出现，很快结束了地中海孤立无援的境遇。

与此同时，在灵长类动物中，露西 ① 和她的同类——南方古猿——也采用了图根原人和地猿的行走姿势。这些古猿在三四百万年前的草原环境中演化，草本植物是它们的主要能量来源。如果在东非大裂谷下或附近所发现的骨化石数量无误，那么就此可知，南方古猿的数量尤其多。它们的遗迹经常出现在地势塌陷所形成的沟渠中，也许是因为洼地里的河流和湖泊为原始人类的繁衍提供了特别有利的环境吧。这，你得问它们了。

---

① 露西这个名字来自"甲壳虫"乐队的一首歌曲《钻石天空下的露西》，露西是阿法南方古猿（Australopithecus afarensis）遗骸中最广为人知的代表，其遗骸发现于1974 年。该物种生活在约 320 万年前的埃塞俄比亚。

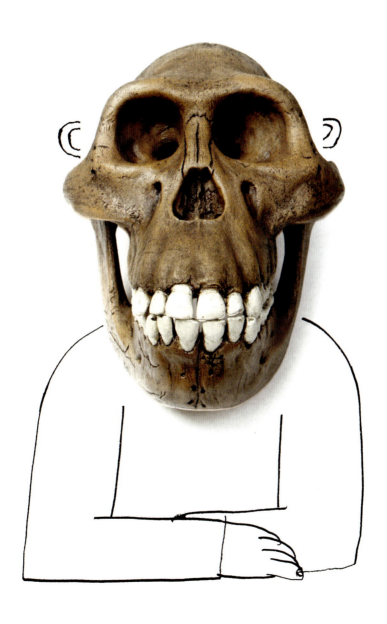

异类火山

在大约 500 万年前的某一天，在太平洋中部的某个地方，鱼肚朝天，尸体随水漂流——食腐动物这下可高兴了。在熔岩从海底喷涌而出之前，喷气孔就已经出现，后来，水面上出现了奇怪的冒泡现象。一座火山岛即将诞生。起初，它是独一无二的，在几十万年后，这座火山岛迎来了第二座岛屿，然后是第三座……最后，十多座岛屿从水中浮现，犹如一串念珠，总长度超过 800 千米。今天法属波利尼西亚的中心地带正在形成群岛——社会群岛（Archipel de la Société）。但这一"群岛工程"并没有完工。直到今天，虽然第一批岛屿在消失之前逐渐塌陷，变为环礁，但在群岛的另一端，也就是在塔希提岛以外，其他火山结构仍然很活跃。如何解释这一现象呢？

正如前面讲过的，在数十亿年里，火山是使地球内部热量慢慢消散的阀门。因此，在地壳的大裂缝附近（这些地方也是地壳的极限边缘所在）阀门的数量尤其多。然而，社会群岛附近并没有洋脊或俯冲带。法属波利尼西亚全境位于太平洋板块的中部，距板块边界有数千千米。

要了解塔希提岛、博拉博拉岛及其邻近岛屿的成因，我们恐怕要从另一个现象下手，这就是热点火山活动。热点的起源在地幔底部，大量岩浆形成巨大的地幔柱，不断上升。但由于海底以每年几厘米的速度移动，而深处的岩浆源所在地保持不变，因此在几百万年间，形成了一串从一端到另一端年龄递减的火山群岛。

那么，一个时代会有一个时代的风格吗？完全不会。这类火山活动并不新鲜，可能自古以来就有。还记得在中国西南部地区，无休无止的岩浆喷发被认定为发生在大约 2.6 亿年前的那次重大生物灭绝的罪魁祸首吗？而在西伯利亚，历史稍后就会重演。在 6600 万年前的印度，暗无天日的火山喷发可能是恐龙和许多其他生物灭绝的原因之一。每一次都是热点搞的鬼，再如超大陆的裂解，或者在约 40 亿年前，科马提岩的诞生……

热点火山活动不仅出现在地球历史上的所有时期里，而且出现在地球的所有地理环境中：在大海中，如法属波利尼西亚、夏威夷、法属留尼汪岛；在内陆，如北美洲的黄石公园；甚至在两个板块的边界上，如冰岛——这座岛屿的诞生证明了在 2500 万年前就发生了相同的现象。

总之，在地球上，由火山发挥主导力量的地球动力学活动有三大类。但不要忘记，世界上远离板块边界的地区的起源，似乎并不符合热点的动力原理。科摩罗群岛就是一个例子，还有法国的中央高原——这里的地势没那么奇异，但同样有着复杂的多样性，因为，尽管塑造巨大的康塔尔火山的地幔柱似乎在 300 万年前就已经干涸，但多尔山的另一个火山结构还在活动。咱们等着看新的"岩浆秀"吧。

双足怪兽

自从图迈、图根原人、地猿和露西等"人"出现以来，演化就没有给自己喘息的机会。对人类历史上最早的演员来说，双足行走逐渐占据主导地位。这种行动方式解放了双手，能将其用于新的功能。在大约 250 万年前，轮到能人登上舞台的中心，这是"人属"的第一个物种。和人类祖先一样，它出现在东非，此时，那里的居民能够交流，能制作基本工具，会主动改善生活条件。它从素食者变成了杂食者，会从偶然得到的腐肉中切下肉片。

从那时起，物种的多样化和繁衍带来了匠人——人中的工匠。它永远离开了树木，更喜欢在地面上活动；它发明了名副其实的石器，这种技术将遍布整个非洲大陆；在大裂谷的火山下，它第一次实践了自己的狩猎本领，这让它既着迷又害怕——就像面对火种时一样，闪电会点燃植被，但也会带来火灾，而火灾并不总是那么容易控制……

然后，轮到直立人登台了。它被冠以这个名字只是因为它会直立行走。与智人一样，它已经学会奔跑，拥有跟随大型动物迁徙的能力，它能走得很远很远了。因此在大约 180 万年前，直立人走出了非洲，尤其聚集到了高加索地区，这也不足为奇。直立人生活在开放的环境中，这里既有草地，也有森林，从不缺乏猎物：熊、羚羊、鬣狗、马、剑齿虎，不一而足。直立人真是老天的宠儿……但这位冒险家并没有留恋之情，它再次开拔，在大约 100 万年前到了中东，然后到了亚洲和南欧。

直立人不会称霸太久。大约 60 万年前，轮到海德堡人[①]扎根四方了，它的足迹从今天的埃塞俄比亚起，经希腊和西班牙直到德国，乃至法国南部。它掌控了火，掀起了一场真正的技术革命，最终制造出日益复杂的工具。海德堡人的"可能后裔"（可惜，我们并不了解一切真相）正处于新时代的黎明：在非洲北部，智人[②]在 30 多万年前就出现了，但仍守着自己祖先

---

① 海德堡人，学名 Homo heidelbergensis，名字源自德国的海德堡，该人属的第一个化石遗骸于 1907 年在海德堡附近被发现。

② 智人，学名 Homo sapiens，拉丁文意为智者或聪明的人类。1868 年，于法国多尔多涅省莱塞济 – 德泰亚克（Les Eyzies-de-Tayac）的克罗马农山洞中首次发掘的化石遗骸被称为克罗马农人，这也是首次确定的智人遗骸。

的土地；尼安德特人 [1] 和丹尼索瓦人 [2] 共享了整个欧亚大陆，足迹从西伯利亚延伸到东南亚。

　　智人和尼安德特人，这两位说不清关系的远房表亲起先隔着一片地中海生活。而后，智人绕过这片海洋开始大迁徙，先是到了中东，然后是亚洲，最后到达了尼安德特人生活的欧洲。这两个群体的交流难免有暴力倾向，但这并不能阻止有些人建立友好关系的愿望……对，她的名字叫朱丽叶，而他的名字叫罗密欧。这还不够。大约 4 万年前，智人确立了自己的主导地位，并逐渐走向世界各地。然后，他开始雕刻、绘画……也许是为了标记自己的领土，向最后的对手表明，是谁如今占据着至高无上的地位。

---

① 尼安德特人，学名 Homo neanderthalensis。1856 年，人们在德国杜塞尔多夫附近的尼安德河谷中的一个洞穴里发现了几块遗骨，就此确认新物种，并命名为尼安德特人。
② 丹尼索瓦人（Denisova），2008 年在西伯利亚的同名洞穴中收集到该物种的遗骸。

冰河时代

此时，冰川覆盖了今天俄罗斯、北美洲、格陵兰岛、斯堪的纳维亚半岛和不列颠群岛的大部分地区。在地球历史最近的200万年里，严寒期接踵而至，中间不断被短暂的回暖期打断。气温就像溜溜球一样，忽上忽下，遵循太阳、月球和其他行星对地球自转轴影响的天文周期而变化。

大约2万年前，当末次冰期达到最盛期时，地球上的海平面处于最低水平，位于今天海平面以下约120米。例如在马约特岛，今天环绕该岛的潟湖当年是干涸的，被稀树草原的植被覆盖。在法国大陆，大西洋的海岸线向后退了大约100千米。那时，无论前往法国西部的格鲁瓦岛（Groix）还是贝尔岛（Belle-Île-en-Mer），甚至去大海对面的英国，均可步行到达。今天英吉利海峡的海底，那时只有塞纳河延伸出的一条河流流经，暴露在恶劣的天气中。

这时，猛烈的寒风向南吹来，席卷冰缘地区，在沙漠中肆

虐。细小的黏土和沙粒从暴露的土地上被风卷起，送到别处，落在第一个能落脚的地方。在那里，这些小颗粒以黄土淤泥的形式沉积下来。在今天的美国中西部、乌克兰、中国东北部的主要粮食产区，这种黄土经过漫长的时间，形成了极其肥沃的黑土地。假如法国的粮食生产地博斯没有这层不到一米厚的黄土，法国的粮仓也要大受打击了。

与北美洲一样，欧洲当年的气候也属于极地气候，但相对干燥。草原在这两块大陆上无限延伸，为猛犸象、野牛和披毛犀提供食物，这些动物聚集成庞大的兽群。但时代在变。15 000 年前，随着气温升高、湿度增大，草原变成了苔原。猛犸象和犀牛远走北方，在今天北纬 50° 上下的地区，马和驯鹿群取代了它们的位置。人类祖先画下自己的猎物，今天，我们仍可以在法国和西班牙的一些洞穴中欣赏到史前艺术家的不朽之作。

覆盖着加拿大和北欧的厚冰盖开始融化。陆地在冰的重压下下沉了近 1 千米，此后，随着这种超载的消失，情况逐渐缓解。陆地恢复到初始水平，以每年几厘米的速度抬升。虽然移动速度不是很快，但上升到 800 米左右时，就已经能给人一种海水正在后退的错觉了。斯堪的纳维亚半岛上有句谚语：祖父停泊小舟的地方，孙子种上了菜……

奇观竞秀

祖父、小船、种菜……这些词描绘了当下的生活，但地球的历史，那些塑造地球史的地质事件要用不同的词语来讲述。46亿年来，板块运动、岩浆作用、侵蚀、生物演化和其他自然现象塑造了地球的面貌。现在，它们将继续在物理和化学定律的指导下运作，快中有序，忙而不乱，但始终不考虑后果。

如今，智人就在欣赏着长久以来大自然的神奇造化。让我们花一些时间向这些伟大作品致敬吧，它们非凡的过去是我们星球历史的一部分。

奇观无处不在。从5万年前小行星坠落的陨击坑遗址，到博拉博拉岛（充满火山景观的小天堂）的潟湖。攀登喜马拉雅山脉的最高峰，探索科罗拉多大峡谷，等待人类的总是奇迹。在撒哈拉南部的泰内雷沙漠、纳米布沙漠、戈壁沙漠中，人们重复着充满仪式感的旅程。在冰岛杰古沙龙冰河湖和越南下龙湾的岸边，在留尼汪岛富尔奈斯火山的山坡上，也是如此。无论是在中国乐业－凤山的喀斯特地貌的中心，还是在法国阿尔芒石灰岩洞的深处，每一次的体验都是独一无二的，都能让人们体会开天辟地的震撼。

即便是法国这样的小国，也是在漫长的地质历史中建立起来的，拥有不少世界知名的旅游胜地：象鼻海岸、谢讷德皮火山群、塔恩河峡谷、加瓦尔尼冰斗……地质遗产众多，无法一一列举。这些是法国风土的起源，是扎根在大地上的本地特质。

没错，奇观无处不在，在地球上，也在我们的头顶上。月亮、太阳和星星汇聚在一起，照亮我们在时间和空间上的无限梦想。

大地震怒

你或许会说：地球的历史即将结束了。亚当和夏娃在日落时相遇、亲吻，这美好的一幕堪比最感人的好莱坞电影场景。本书的尾声本该献给人类无尽的冒险，而我们的星球不可预测的震怒，却是挥之不去的阴影……

最可怕的算是地震，地震主要发生在板块的边界处，由板块运动引起。地震有时难以察觉，有时极度强烈，而且随时都会发生：也许在早春的清晨，也许在夏日的午后，不管是在圣诞节的夜晚，还是在万圣节。

1755 年 11 月 1 日万圣节这一天，一场撼动葡萄牙里斯本的大地震造成了 50 000 至 70 000 人遇难，男人、女人和儿童……哪怕是虔诚的天主教徒也没能在这一天得到眷顾，反而，关在宗教裁判所里的不可知论者和异教徒中却有人幸存了下来。富人和穷人在死神面前都一样。地球是无情的，人与人在其心中没有任何区别。这座城市的各色建筑几乎没有一座能幸免，大多像纸牌屋一样倒塌了。这次地震的震中在海洋里，但整个欧洲都有震感。地震掀起几米高的海浪，冲毁了港口，淹没了大部分地区。几小时后，强度减弱的海啸到达了非洲海岸，以及大西洋彼岸的安的列斯群岛。

人类历史上曾发生过数十次造成重大伤亡的大地震。例如，115 年 12 月 13 日，安提阿（今天土耳其的安塔基亚）经历了一次地震，然后于 526 年 5 月 21 日发生了第二次地震。两次地震均造成约 25 万人死亡，令人震惊。856 年 12 月 22 日在达姆甘（伊朗），1138 年 10 月 11 日在阿勒颇（叙利亚）也发生过类似损失惨重的大地震。人类历史上最惨烈的一次地震发生于 1556 年 1 月 23 日的中国陕西省，据记载造成了约 83 万人丧生。

在有些情况下，最可怕的并不是地震本身，而是它引起的海啸等次生灾害。2004 年圣诞节后的第二天，一场震中位于印度尼西亚苏门答腊岛附近海域的水下地震，让整个印度洋地区都在震颤，引发了可怕的海啸。在地震发生的几分钟后，印度尼西亚群岛被一连串巨浪席卷，有些海浪的高度超过 30 米。海浪直接冲入内陆，摧毁了沿途的一切。破坏相当严重，遇难者的遗体与各种残破的碎片混在一起，惨不忍睹……

好在，并非每次发生地震结果都如此惨烈，尤其当地震发生在人口稀少的地区时。例如，1960 年 5 月 22 日，智利南部发生了一场大地震，估计达里氏 9.5 级，这是人类有记录以来震级最高的地震。最终统计显示，遇难人数不到 6000 人。一场类似的地震如果发生在美国加利福尼亚州某个地震风险很高的地区，那恐怕会造成一场大屠杀……

法国虽然不处于地震的红线上，但有些地区仍然存在风险。1909 年 6 月 11 日，法国南部发生了 6.2 级地震，从佩皮尼昂到意大利热那亚都有震感。在萨隆－普罗旺斯地区，许多古迹被毁，据报道，有 46 人死亡。

地球会颤抖，但地震并不是地球内心冲动的唯一表现。地球还会"吐口水""打嗝"，喷出大量岩浆和气体，并形成熔岩。当岩浆很黏稠时，或者当它在上升过程中遇到水时，喷发往往会引发大爆炸。

公元 79 年，维苏威火山突然苏醒。几乎在顷刻间，赫库兰尼姆和庞贝就被掩埋在炽热的灰烬之下。两座繁华的城市就此被毁，无法逃离的居民在滚烫的气体中窒息而亡。在平静的生活中突然撞上死亡，多么令人惊恐……但他们不是首次遭遇此难的人。大约在 3600 年前，希腊圣托里尼岛上的一座火山爆发，随后塌陷，引发了巨大海啸，淹没了克里特岛和爱琴海的沿岸地区。

1783 年 6 月 8 日，冰岛上一座休眠了几个世纪的巨大火山群突然苏醒。人们称之为拉基火山，其上有一百多个排列整齐的火山口。爆发时，这些火山口喷出大量岩浆，并伴有二氧化硫——空气被毒化了。在冰岛，大多数牲畜和近四分之一的人口因吸入有毒气体而死亡。整个北半球因此明显变冷。当时，巴黎的气温骤降到零下 19℃，塞纳河冻结了两个月。此后，自 1784 年起，法国经历了一系列极端气候，农作物遭到毁坏，给农民带来了多年的苦难。在饥荒肆虐的乡村，人们的不满情绪日益高涨，各地叛乱愈演愈烈，直到 1789 年的夏天才趋于平静。然而，扭转乾坤的时刻才刚刚到来。因此，法国人戏称拉基火山为"革命火山"。

1902 年 5 月 8 日，马提尼克岛的培雷火山剧烈喷发，炙热的气体和火山灰像云一样沿着山坡席卷而下。在短短几分钟内，圣皮埃尔市就被这团火云席卷，变成了一片废墟，约有 30 000 人死于这场灾难。

在今天的瓜德罗普岛上，那位"老太太"（苏弗里耶尔火山的昵称）的暴脾气仍然影响巨大。在塔希提岛的东南部，梅海蒂亚火山岛附近即将出现另一座新的火山岛。在马约特岛附近，一座水下火山正在海底 3500 米处发育。在冰岛，雷克雅内斯半岛在 2021 年发生了持续 6 个多月的火山喷发活动，而在 2022 年夏季和 2023 年 7 月，火山活动再次达到顶峰。

　　地球是一颗活跃的行星，在未来数百万年里，预计都会保持这种活跃状态——它可不管自己有没有居民……

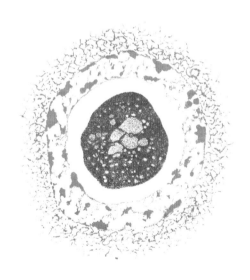

此后世界

最后一次冰河时代，距我们生活的今天已经一万多年了。地球恢复了一些色彩——至少能维持一段时间吧。如果我们相信最近确实有气候波动，那么这只是一个插曲。新的冰河时代即将到来，凛冬将至，海平面会下降……

只是，地球不再完全掌控自己的命运了。一群"怪兽"接管了地球，并试图改变历史的进程。在短短几百年的时间里，这种称为智人的"怪兽"已经遍布全球，并成功地将地球的面貌搞得一团糟。

早期，他们是工匠和猎人，后来，他们开始耕种、养殖、开采地下矿产，以满足自己不断增长的需求，但他们对保护自然环境毫无概念……实际上，这些人类活动是在最无序的状态下发展起来的，他们最常见的行为是强取豪夺，而不是合理地管理资源。当自然资源无法在人类的时间尺度上再生时，就会很快耗尽。但这还不是主要问题。对原材料和能源的无节制消耗，往往伴随着释放大量毒害生物圈的物质。

今天，观察结果已经很清楚了。污染，在所有大陆、所有海洋中无处不在，在温室气体持续增加的大气中也是如此。全球变暖现象长期以来一直受到实业家们的质疑，但这已不再是少数前卫的生态学家提出的假设了。这种现象恐怕是不可避免的。

智人自称拥有超凡的智力，因此，这群自作聪明的自大狂和超级掠食者，最终威胁到了地球上的所有邻居。无论他们怎么想，智人都不是这颗星球的主人。他们只是过客，就像奇虾、异齿龙和风神翼龙一样，也注定要离开这个世界，身后却留下了一片混乱。

我们星球的未来史有待书写。目前，没人能预测具体的景象会是怎样的。但我们知道，许多物种将不得不快速适应不断变化的生活环境，或者被迫迁徙，寻找更合适的栖息地。否则，这些物种将在不久的未来消失。一些物种已经开始面临这种命运，腾出地方，供新居住者使用。或许，新居住者会是一些我们过去从未想过能够真实存在的动物或植物。金刚万岁！

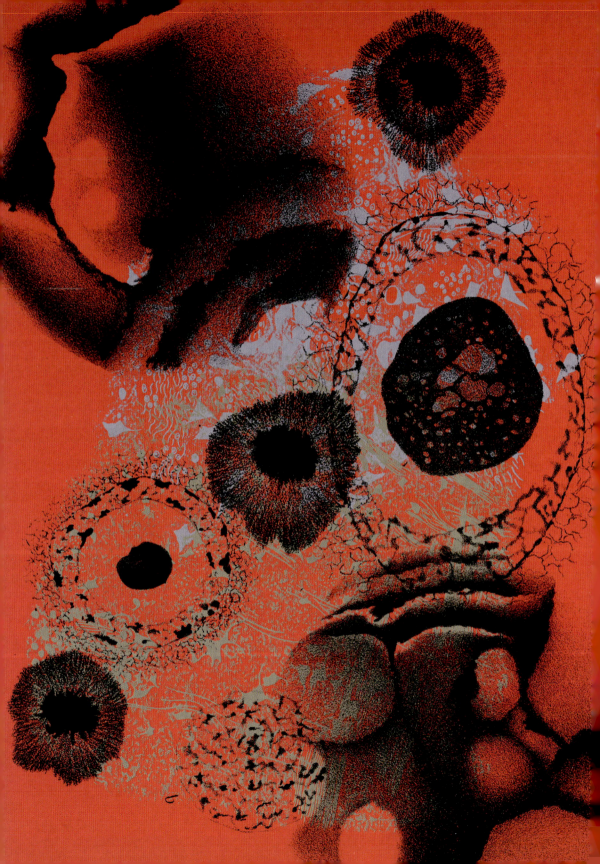

一些有助于理解本书内容的知识点

矿物和岩石

我们星球的表皮——地壳，是由岩石构成的，而这些岩石是由基本元素的"砖块"组装而成的。这些砖块被称为矿物，与其化学成分对应的原子和分子的规则排列，决定了矿物的结构。

矿物通常是晶体，当它们自由生长时，或多或少会呈现出规则的几何形状，分为 7 个基本晶系，例如黄铁矿和萤石属于立方晶系，而祖母绿和石墨属于六方晶系。

然而在大多数情况下，岩石发源处的不同矿物在生长过程中会相互阻碍，形成外观更普通的晶体。

岩石按来源和成因分为沉积岩、岩浆岩和变质岩三大类。

沉积岩

陆源碎屑岩	砾岩、砂岩、粉砂岩、黏土岩
火山碎屑岩	集块岩、火山角砾岩、凝灰岩
化学岩及生物化学岩	碳酸盐岩（石灰岩、白云岩）
	硅质岩（燧石、海绵岩、硅藻土）
	蒸发岩（石盐、石膏）
	可燃有机岩（煤、油页岩）
	铝质岩、铁质岩、锰质岩、磷质岩

沉积岩的简单分类 [①]

　　尽管沉积岩仅占地壳体积的 5%，但它们覆盖了地球近75% 的表面积。通常，裸露的地表遭风化和剥蚀所产生的碎屑，积累形成了沉积岩。沉积物会有不同的呈现方式：有时很松散，如砾石、沙子或黏土；有时更坚固，形成砾岩和砂岩。但是，沉积岩也可能是溶解在水中的元素沉淀而成的，甚至有可能源自生物活动。例如，石灰岩的形成在很大程度上归功于生物活动，含有大量动物或植物的微小碎片状化石。若石灰岩中含有黏土矿物就会构成泥灰岩，在地球上也很常见。

---

① 该表按沉积物的来源分类，参考《地质学基础》，中国地质大学出版社，杨坤光。——译者注

尽管沉积岩会出现在陆地、冰川、河谷、湖泊和沼泽深处，但它们最常见的起源地是海底。那里，源自碎屑或生物的基本元素最丰富，风和流水将之输送到各处。因此，随着时间的推移，这些元素被埋藏起来，形成一个个水平的沉积层，即地层，其厚度可达数千米。

沉积物在自重作用下逐渐压实，排出饱和的水分，然后经历复杂的物理化学过程——在成岩作用下结晶，转化为真正的岩石，变得坚硬且连贯。

我们经常在倾斜甚至垂直的地层中观察到沉积岩，原因很简单，那是因为最近的构造现象引起了它们的变形。

岩浆岩

	超基性岩	基性岩	中性岩		酸性岩
	钙碱性	钙碱性	钙碱性	碱性	钙碱性
喷出岩（火山岩）	科马提岩	玄武岩	安山岩	英安岩	流纹岩
浅成岩（半深成岩）	金伯利岩	辉绿岩	闪长玢岩	正长斑岩	花岗斑岩
深成岩	橄榄岩	辉长岩	闪长岩	正长岩	花岗岩

根据岩浆岩的化学成分和埋置深度进行分类

顾名思义，地底深处由大量物质融合而成的岩浆在冷却后生成的岩石，称为岩浆岩（也称火成岩）。在大多数情况下，冷却是在岩浆上升的同时，在地壳以下几千米处缓慢发生的。晶核逐渐发育形成岩石，其中的矿物相互交织，肉眼可见。这些岩石被称为深成岩，能完全结晶，包括辉长岩、闪长岩、正长岩、花岗岩（由石英、长石和云母组成）、英云闪长岩、奥长花岗岩、花岗闪长岩，等等。

有时，岩浆在岩浆房中停留较长时间后，才会暴露在露天环境里。随后，以熔岩流或喷射物的形式喷出的产物迅速冻结，阻止或限制了岩石如同火山岩那样形成晶体的过程，由此生成的岩浆岩叫作喷出岩，包括流纹岩、安山岩和玄武岩等。

最后还有浅成岩，它们在地下结晶，但埋藏深度较浅，并形成了矿脉，因此这类岩石也称为微晶岩或矿脉岩。在相对较浅的土层中，岩浆冷却得相当快，形成了肉眼看不见的小晶体，如此构成的岩石包括花岗斑岩、辉绿岩等。

但无论是深成岩、喷出岩还是浅成岩，它们的化学成分都由最初的岩浆性质决定。酸性岩浆富含二氧化硅，但缺乏铁和镁，它会产生浅色的岩石，如花岗岩和流纹岩。相比之下，基性岩是深色岩石的起源，其中铁和镁的含量相对于酸性岩更高，但二氧化硅含量较低，如辉长岩、辉绿岩和玄武岩。超基性岩不含石英。

变质岩

变质岩也是在地层深处产生的，它们通常源自已经存在的岩石。这些被埋起来的岩石在复杂的构造现象中以固态形式发生了转变，因此，在地下深处的压力和高温的作用下，变质作用对所有岩石家族（无论是岩浆岩还是沉积岩）都无一例外地产生了影响。

例如，片麻岩可由花岗岩等古老的岩浆岩的变质作用产生，这种片麻岩被称为正片麻岩。副片麻岩则不同，它起源于沉积岩。这个过程类似于大理石是由石灰石重结晶而形成的。

根据初始岩石的性质、变质作用强度，以及构造现象的限制，变质岩会呈现出大不相同的纹理和矿物成分。压力不仅导致变形，还会决定哪种矿物生成得更多，而后，矿物会平行排列成矿床。因此，片麻岩会呈现出条带状或圆凸状，而片岩则被切割成细板状。

当温度较高时，岩石会部分或全部熔融，有些变为混合片麻岩，然后变为混合岩和深熔花岗岩，具体结果取决于熔融在整个过程中的重要性。

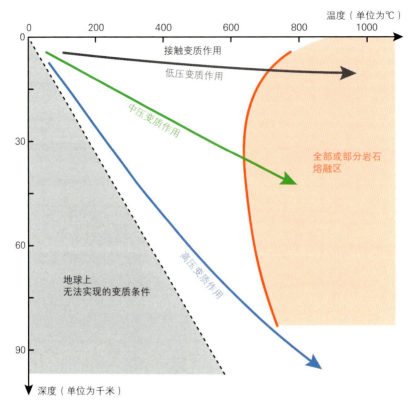

温度（单位为℃）

接触变质作用

低压变质作用

中压变质作用

全部或部分岩石熔融区

地球上
无法实现的变质条件

高压变质作用

深度（单位为千米）

在不同地层深度和温度状态下的变质作用

还有一种特殊的变质作用与温度升高有关，称为接触变质作用：在地层深或浅的位置上，岩浆的入侵和接触影响了周围的地质性质，形成了新矿物，其周围还会形成数百米宽的晕环。

板块构造学说

直到 20 世纪 60 年代初，科学家们仍在为地球主要地质结构的成因苦苦地寻找解释。虽然阿尔弗雷德·魏格纳（Alfred Wegener）在 1912 年提出了一个相对简单的理论，但人们花了几十年才真正确立了这一理论——这就是大陆漂移说。

受到前辈们的启发，这位德国天文学家和气象学家把目光投向貌似相互呼应的非洲西部海岸线和南美洲东部海岸线上。两地海岸线形状的吻合关系，其实早就被发现了。

魏格纳由此想到，陆地可能会"移动"，并提出了有力的论据来支持这一想法。他注意到，地质学家在大西洋两岸发现了物种相同且年代一致的陆地生物化石。他指出，非洲和南美洲的古代地形非常相似。最后，他还提出，阿巴拉契亚山脉和斯堪的纳维亚半岛上的山峰就是生于同一山脉的不同"碎片"。

今天，我们知道了地球表面由六大板块和一些较小的板块组成，它们以每年几厘米的速度相对移动。板块运动是由地球的内部热量引起的，这种热量聚集在上地幔的顶部。地幔本来很坚固，但其顶部的软流圈具有延展性，能进行大规模的对流运动。

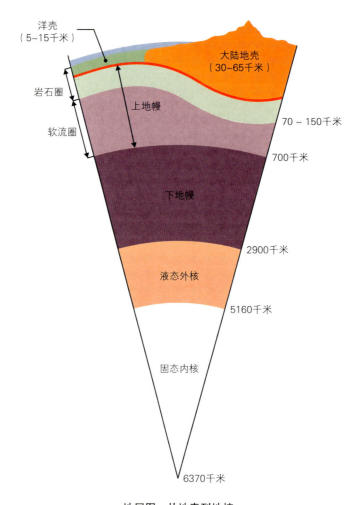

洋壳
（5~15千米）

大陆地壳
（30~65千米）

岩石圈

上地幔

软流圈

70～150千米

700千米

下地幔

2900千米

液态外核

5160千米

固态内核

6370千米

地层图，从地表到地核

（这是一张简单的示意图，没有严格展现各部分的实际厚度比例）

板块平均厚度约 100 千米，由岩石圈组成，岩石圈包括两部分：上地幔最外层、最坚硬的部分，以及地幔之上的浅表岩石圈层，即洋壳或大陆地壳。属于洋壳的板块相对致密，最终陷入软流圈而消失，导致酸性岩浆升到俯冲带的上方。然而，这些板块可以通过增生反过来自我更新，换句话说，岩浆涌出后会沿着洋脊形成新的地壳。但属于大陆地壳的板块会更厚、更轻，只能在地球表面移动，它们之间不可避免的碰撞将形成山脉。

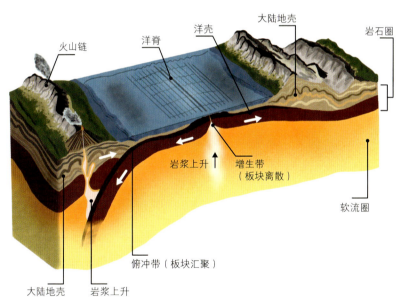

板块构造运作方式

岩石圈板块的俯冲和陆地板块的碰撞或许可将岩石带到数十千米深的地方。在压力和温度的作用下，岩石在变质作用下发生转变，局部的熔融现象会产生岩浆。这些岩浆或在地壳内结晶，或涌出地面，暴露在天空下。此外，在俯冲带或碰撞带所产生的地貌加速了风化和剥蚀过程。几千万年后，深成岩和变质岩到达地表，为持续形成的沉积地形提供碎屑和矿物元素。循环又开始了……

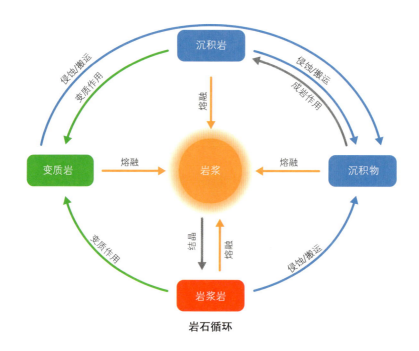

岩石循环

我们这颗活跃的行星上的地貌，就是这种被称为造山旋回的循环过程造就的，每个循环都整合了山脉的形成和拆解过程。

　　注意，板块构造运动并不是一直存在的！在大约 32 亿年前，岩石圈的刚性还不足以沉入俯冲带附近的软流圈，那时经常发生的事件是重力差异沉降，即一种由科马提岩（一种非常致密的火山岩，属于超基性岩）引发的重力机制。

—— 离散边界（增生带）　⌒ 汇聚边界（俯冲带）　← 板块运动方向

板块构造运动示意图

生命的"砖块"

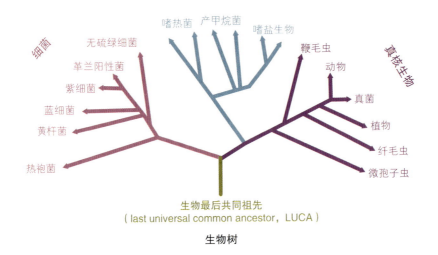

古菌

嗜热菌　产甲烷菌　嗜盐生物

无硫绿细菌　　　　　　　　　　　鞭毛虫

细菌　革兰阳性菌　　　　　　　　　　动物　　真核生物

紫细菌　　　　　　　　　　　真菌

蓝细菌　　　　　　　　　植物

黄杆菌　　　　　　　　纤毛虫

热袍菌　　　　　　　　微孢子虫

生物最后共同祖先
（ last universal common ancestor，LUCA ）

生物树

无论是动物还是植物，构成生物体的细胞 96% 以上是由氧（O）、碳（C）、氢（H）、氮（N）原子组成的。这些元素在地球的原始大气中自由结合，形成新的物质，如二氧化碳（CO_2）、甲烷（CH_4）和氨气（NH_3）。当然，还有液态的水（H_2O），它将成为所有有机化合物的溶剂，对生命的出现和发展至关重要。

生命起源的环境中还存在磷和硫，碳也发挥着重要作用。碳有四个可调节的共价键，在复杂分子的起源中扮演了关键角色，其中一些似乎普遍存在的分子已在太空中被检测到，如乙酸（CH_3COOH），也称为醋酸；还如乙醇（CH_3CH_2OH），它的另一个名字——酒精更流行……当然还有许多其他分子。因此，人们会把研究这类分子的化学称为碳化合物化学、有机化学、生物有机化学；与之相对的是无机化学，是研究非生命世界（尤其是岩石世界）的矿物化学。碳化合物分子被视为生物大分子，主要分为四类：蛋白质、脂质、碳水化合物和核酸。

蛋白质和肽由氨基酸链组成。或许，这些分子在地球的历史之初就产生了，但在陨石和彗星中也被发现过。在植物中，它们以胚胎的营养储备形式存在于细胞膜和种子中。在动物中，它们在肌肉生长上发挥了重大作用，同时参与了消化功能、氧气运输、免疫系统功能等许多生命过程。

脂质由不溶于水的长链分子组成，保存在脂肪组织中，构成了生物体重要的长期能量储备，并与蛋白质一起，存在于所有生物的细胞膜中。

碳水化合物，也就是糖。有些碳水化合物，比如葡萄糖，是细胞功能运作所需的燃料。其他碳水化合物，如淀粉和糖原，是能被快速调动的能量储备。

核酸由含氮化合物组成。与氨基酸一样，这些化合物在我们的星球上可能很早就合成了。核酸有两种：核糖核酸（RNA）

和脱氧核糖核酸（DNA），它们不同程度地参与了遗传信息的存储和传递。

总而言之，这些大分子展现了所有生物细胞（无论是原核生物还是真核生物）起源的基本构造。原核生物包括细菌和古菌，它们是单细胞的，而且没有细胞核。真核生物由一个或多个细胞组成，细胞总是配备着含有遗传物质的细胞核。

至于病毒，它们是一个寄生物种，无法在其感染的细胞之外独自存在。由于没有新陈代谢，它们仅由核酸分子和蛋白质外壳（称为衣壳）组成，衣壳上的基因组只能在宿主的细胞内被激活。因此，一方面，许多生物学家认为病毒不是真正的生物体，只是生物分子的简单组合。另一方面，某些研究人员认为，病毒可能是具有真核生物特征的细胞核的起源，它们的出现甚至可能早于一切生命形式。

气候变化

数十亿年来，地球一直忍耐着气候的任性，而且有时气候变化会十分剧烈。每一次，地球的居民也会一起经受严峻的考验：有些物种适应了下来，有些就此消失，被其他居民替代。是什么导致了气候的剧变呢？

首先是外部原因，比如太阳活动、地轴倾斜角度或地球轨道偏心率发生了变化。这些天文现象的并发，就是第四纪 [①] 气候波动的部分原因。

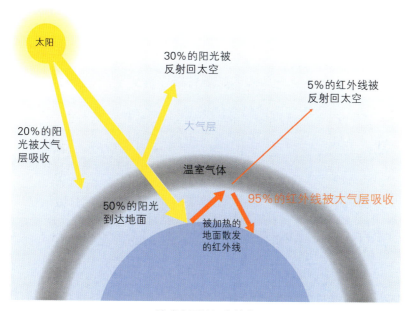

地球表面的温室效应

其次是地球的内部活动影响了温室效应，从而导致温度变化。火山活动就是一个例子，随着时间的推移，火山活动变得不规律，时不时不定量地喷出二氧化碳和水蒸气。板块构造运动也是一个原因，板块构造运动决定了陆地的分布、大小和地

---

① 新生代最新的一纪，包括更新世和全新世。——译者注

形。当地形起伏较大时，剥蚀就会变得更显著，释放出更多的钙和镁，这些元素从大气中吸收二氧化碳，继而生成碳酸盐矿物，即方解石和白云石。

最后的原因，就是生命本身。生命要承受气候变化的影响，但对这些变化也负有部分责任。10亿多年前，微生物统治着地球，光合细菌从大气中吸收二氧化碳，加剧了气候变冷。富含碳的有机物聚集在隔绝氧气的海底，它们也参与了这一变化。相反，一些古菌会产生甲烷，这种气体会让温度升高。在近一些的时候，陆地上覆盖的植被尤其通过蒸散[①]，也参与了气候调节活动，而且，植被还使有机物大量增加。这种例子非常多。

从细节上看，这些过程很复杂，从整体上看，它们都是自古以来影响我们星球气候变化的根源。这么说来，我们在今天所经历的气候变暖，会不会就是历史的一个细节、一连串气候事件中的一环？事实并非如此，原因很简单：如今，全球气候变暖的根源不再是自然因素，而是过去几十年来人类活动所释放的温室气体。就算生物是有能力适应气候变化的（正如它们过去在不同环境条件下所证明的那样），这次，它们也不可能做出如此快的反应了。地球时间，并不是人类时间……

---

① 水分以气态形式从土表或从植物体表面（主要是叶片）蒸腾、散失的过程。

——译者注

地质年代

和其他科学家一样，地质学家也需要一把尺子——既不是用来量山高，也不是用来测水长的，而是用来测量、比较、分类矿物环境的，以便更好地了解地球的历史。其实，地质学家什么都测量：矿物的硬度、地震的强度或震级，当然，还要标记我们这颗星球上的种种事件的"年龄"。通常，这种年龄很难确定，特别是，当它要以千年、百万年或十亿年为计算单位时……

面对这一困难，科学先辈们只能根据现场的观察，相对地建立一张年代表。在稍有变形的沉积岩中，新岩层位于古老的岩层之上——这是叠加原理。有时候，相距很远的地质层却具有相似的特征，这时，它们要被分配相同的"年龄"——这是连续性原则。有时候，生物会在不同地质时期内迅速演化，因此，发掘出相同生物化石，由此显示出关联性的不同地点可以追溯到同一时期——这是古生物学的同一性原则。变形（产生褶皱和断裂）或岩浆侵入（产生矿脉）都是在受其影响的岩石出现之后才发生的事件——这是交叉检验原则。位于飞地①的岩石，总是早于实际包含它们的地貌出现——这是包含原则。

---

① 与某地区相关，却不与之接壤的地方，被称为飞地。这里应该指的是一些岩石出现在甲地，却实际与乙地的地貌相关，因此在地质年代上，该岩石出现的时间应该比实际所在的甲地更早。——译者注

这些主要原则为地质学家定义了一个尺度，将地球时间按不同时代编排起来。地质年代按照年代地层单位从大到小分为宇、界、系、统、阶、代[①]，但是，人们应该精确测定一片土地的具体年代。在今天，借助各种复杂的测量方法，精确测定地质年代已经成为可能，我们在这里只简单描述几种使用最广泛的方法，其余就不详细展开了。一种方法基于在自然状态下存在于岩石中的放射性元素的分解，尤其是某些矿物中的放射性元素。例如，在花岗岩中大量发现的锆石含有铀。一旦矿物在冷却的岩浆中结晶，铀就开始转化为铅。结合铀的衰变速度，就能通过分析锆石来测量"父"元素（铀）的剩余量和"子"元素（铅）的生成量，从而计算出结晶的年龄。

铀－铅这对元素搭档构成了放射性时钟，可以测定岩浆岩和变质岩的年代。每一对时钟搭档还有许多其他化学特性，多少与岩石的假定年龄和地质性质相吻合。因此，一些方法被用于测定古老岩石的年代，还有一些方法则用于确定年龄更新的岩石的年代。比如，为了确定距今不到 50 000 年前才形成的含有机物的物质年龄，我们可以使用碳－14。这种放射性碳同位素[②]在生物死亡后逐渐转为氮。比如在史前遗址中收集的骨

---

① 对应着地质年代的时间单位为宙、代、纪、世、期、时。——译者注

② 与大多数元素一样，碳以不同的同位素形式在自然中存在。在同位素中，质子数始终相同，但中子数不同。我们可以根据原子核中的中子数来区分碳－12、碳－13和碳－14。

头和木炭，或者，用动物脂肪或碳质画笔创造的洞穴壁画，测量这些研究样本中的碳﹣14占总碳量的比例，就可以追溯样本的年代。基于不同的年代测量技术，人们制定了一张国际年代地层表（International Chronostratigraphic Chart）——统一、绝对的时间尺度标准，用来确定不同地质阶段的相互关系。比如，卢泰特阶（Lutetian）这个地质年代是在巴黎（卢泰特是巴黎的古拉丁语名字）及其周边地区发现相关证据，经考察并定义的，它属于始新统的第二阶段，始于伊普里斯阶之后（确切在4780万年前），结束在巴顿阶之前，总共持续了660万年；而始新统属于古近系，古近系又是新生界的第一阶段。

新生界	第四系	全新统	梅加拉亚阶	
			诺斯格瑞比阶	
			格陵兰阶	0,01
		更新统	上阶	
			千叶阶	
			卡拉布里雅阶	
			杰拉阶	2,6
	新近系	上新统	皮亚琴察阶	
			赞克勒阶	5,3
		中新统	墨西拿阶	
			托尔托纳阶	
			塞拉瓦莱阶	
			兰盖阶	
			波尔多阶	
			阿基坦阶	23
	古近系	渐新统	夏特阶	
			吕珀尔阶	34
		始新统	普利亚本阶	
			巴顿阶	
			卢泰特阶	
			伊普里斯阶	56
		古新统	坦尼特阶	
			塞兰特阶	
			丹麦阶	66
中生界	白垩系	上白垩统	马斯特里赫特阶	
			坎潘阶	
			圣通阶	
			康尼亚克阶	
			土伦阶	
			塞诺曼阶	100
		下白垩统	阿尔布阶	
			阿普特阶	
			巴雷姆阶	
			欧特里夫阶	
			凡兰今阶	
			贝里阿斯阶	145

				145
中生界	侏罗系	上侏罗统	提塘阶	
			钦莫利阶	
			牛津阶	161
		中侏罗统	卡洛夫阶	
			巴通阶	
			巴柔阶	
			阿林阶	175
		下侏罗统	托阿尔阶	
			普林斯巴阶	
			辛涅缪尔阶	
			赫塘日阶	201
	三叠系	上三叠统	瑞替阶	
			诺利阶	
			卡尼阶	237
		中三叠统	拉丁阶	
			安尼阶	247
		下三叠统	奥列尼克阶	
			印度阶	252
古生界	二叠系	乐平统	长兴阶	
			吴家坪阶	260
		瓜德鲁普统	卡匹敦阶	
			沃德阶	
			罗德阶	273
		乌拉尔统	空谷阶	
			亚丁斯克阶	
			萨克马尔阶	
			阿瑟尔阶	299
	石炭系	宾夕法尼亚亚系 上	格舍尔阶	
			卡西莫夫阶	307
		中	莫斯科阶	315
		下	巴什基尔阶	323
		密西西比亚系 上	谢尔普霍夫阶	331
		中	维宪阶	347
		下	杜内阶	359

左表：

宇/界	系	统	阶	年龄值（百万年）
古生界	泥盆系			359
		上泥盆统	法门阶	
			弗拉阶	383
		中泥盆统	吉维特阶	
			艾菲尔阶	393
		下泥盆统	埃姆斯阶	
			布拉格阶	
			洛赫考夫阶	419
	志留系	普里道利统		423
		罗德洛统	卢德福特阶	
			高斯特阶	427
		温洛克统	侯墨阶	
			申伍德阶	433
		兰多维列统	特列奇阶	
			埃隆阶	
			鲁丹阶	444
	奥陶系	上奥陶统	赫南特阶	
			凯迪阶	
			桑比阶	458
		中奥陶统	达瑞威尔阶	
			大坪阶	470
		下奥陶统	弗洛阶	
			特马豆克阶	485
	寒武系	芙蓉统	第十阶	
			江山阶	
			排碧阶	497
		苗岭统	古丈阶	
			鼓山阶	
			乌溜阶	509
		第二统	第四阶	
			第三阶	521
		纽芬兰统	第二阶	
			幸运阶	539

右表：

宇	界	系	年龄值（百万年）
元古宇	新元古界	埃迪卡拉系	539
		成冰系	
		拉伸系	1 000
	中元古界	狭带系	
		延展系	
		盖层系	1 600
	古元古界	固结系	
		造山系	
		层侵系	
		成铁系	2 500
太古宇	新太古界		2 800
	中太古界		3 200
	古太古界		3 600
	始太古界		4 000
冥古宇			4 567

国际年代地层表会根据最新的科研结果不时更新，本书仅提供根据最新一版（2023/09）改编的简化版中文翻译，感兴趣的读者还请前往国际地层学委员会（International Commission on Stratigraphy）的官方网站查询最新的完整版本。

快跑，马上到巴顿阶了

193

致谢

讲述地球的历史，意味着要分享数十亿种生物的历险故事，自生命诞生以来，这些生物先后出现在地球上，往来更替，包括微生物、藻类、水母、节肢动物、鱼类、爬行动物、鸟类、哺乳动物、各种植物，等等。在此，我们无法一一提及这些生物的名字，并逐一对它们表示感谢。我们把致谢的名单仅限于在本书的创作过程中，曾真诚给予建议和支持的生物。

尼古拉·博斯特（Nicolas Bost），地质学家、外星生物学家，但目前居住在地球上。最新消息是，他被发现住在法国安德尔和科雷兹附近，与妻子卡罗琳·帕洪（Caroline Pajon）和他们的小女儿在一起。

塞西尔·布雷顿（Cécile Breton），《物种》（*Espèces*）杂志主编。这是一本有胆量发表有关地球科学的文章的自然历史杂志，即使它不是唯一的，或许也是最美的。有胆量，也有好内容。

尼古拉·夏尔（Nicolas Charles），又名"小尼古拉"，法国国家地质与矿产勘探局研究员。他创作了多本热门的地质探索指南，还参与了国际地质科学联合会（IUGS）对地球上 100 个最引人注目的地质遗址的分类工作。

帕特里克·德·韦弗（Patrick De Wever），古生物学家，法国国家自然历史博物馆名誉教授，全心投入国际地质遗产的清查和保护工作。他是一位伟大的科普者和演说家，也是众多地球科学科普著作的作者。

布兰迪娜·古瑟罗尔（Blandine Gourcerol），研究古代土地的矿产资源调查员，一直在世界各地寻找新的、珍贵的矿藏，比如金、铜和锂。

拉斐尔·格拉维乌（Raphaëlle Graviou），生物最后共同祖先（LUCA）的遥远后裔之一：从细菌、古菌和所有真核生物走到今天，这是多么美妙的旅程啊！

伊丽莎白·勒戈夫（Elisabeth Le Goff），地质学家、制图师，在锻造厂工作，对埋藏在山脉中的岩石的历史充满热情，积极参与了地质遗产的保护工作。

凯瑟琳·芒叙（Catherine Mansuy），古生物学家、博物学家、地质遗产守护者、法国奥尔良博物馆前讲师。如今，她在最忠实的朋友阿维尔的陪伴下管理着一片树林和海岸。

埃尔维·马丁（Hervé Martin †），已故地质学家和地球化学家，地球上最古老的花岗岩和火山地形专家。在辉煌的科研生涯之后，他继续发挥热情，参与了各种教育项目。他也是各种文字游戏之王。

阿涅丝·诺埃尔（Agnès Noël），记者、科学调查员，法国国家地质与矿产勘探局下属《地球科学》（Géosciences）杂志主编。

弗雷德里克·西米安（Frédéric Simien），人属，智人种。没有他，这本书就不可能存在。作为一名受过训练的地球化学家，他多年来对地质学充满热情。目前，他负责法国国家地质与矿产勘探局出版社的编辑工作，同时也是多部作品的作者。

让·瓦尼耶（Jean Vannier），古生物学家，原始生命形式专家，法国国家科学研究中心（CNRS）主任。一位永恒的学生，他的学习精神和对科研的巨大热情，绝不会随着时间流逝而减弱。

维尔日妮·温琴蒂（Virginie Vincenti），欧洲自然 2000（Natura 2000）网络和科西嘉岛自然保护区工作协调员，美丽岛地区地质遗产委员会协调员。

我们还要感谢所有凭借各自学科专业，为我们的故事做出贡献的人：让·奥杜兹（Jean Audouze），天体物理学家；雅克 –

马利·巴尔丁采夫（Jacques-Marie Bardintzeff）和西尔万·布莱斯（Sylvain Blais），火山学家；让－加布里埃尔·布雷赫雷（Jean-Gabriel Bréhéret），沉积学家；埃里克·比弗托（Éric Buffetaut），古生物学家；伊夫·科庞（Yves Coppens†），已故古人类学家；阿卜杜勒－拉扎克·埃尔·阿尔瓦尼（Abderrazak El Albani），沉积学家；奥迪勒·介朗（Odile Guérin），地质学家；安妮·内代莱克（Anne Nédélec），地质学家。

感谢杰出的插画家塞尔日·布洛克，同时也感谢法国伽里玛出版社（Gallimard）的优秀团队：总编纳塔莉·巴约（Nathalie Bailleux）、编辑让－弗朗索瓦·科洛（Jean-François Colau）、平面设计师，以及所有幕后工作者。

参考文献

Audouze J., Kieken J., *Les Secrets du cosmos*, Vuibert, 2016.

Bardet N., Vincent P. *et al.*, *Les Mers au Méozoïue sous le règne des reptiles*, *Espèces*, hors-série *Mondes disparus n° 2*, Kyrnos Publications, 2016.

Bardintzeff J.-M., *Le Grand Livre des volcans du monde, séismes et tsunamis*, Orphie, 2010.

Baumann A.-S., Graviou P., *Le Grand Livre animé de la Terre*, Tourbillon/Bayard, 2019.

Brack A., Leclercq B., *La vie est-elle universelle?*, EDP Sciences, 2003.

Brahic A., Tapponnier P., Brown L. R., Girardon J., *La Plus Belle Histoire de la Terre,* Seuil, 2001.

Buffetaut E., *Les Ailes de l'évolution*, *Espèces*, hors-série *Mondes disparus* no 1, Kyrnos Publications, 2014.

Buffetaut E., Le Loeuff J., *Les Mondes disparus*, Berg International, 1998.

Coppens Y., *Origines de l'Homme, origine d'un homme*, Odile Jacob, 2018.

De Wever P., *Le Beau Livre de la Terre. De la formation du système solaire à nos jours*, Dunod, 2014.

De Wever P., David B., *La Biodiversité de crise en crise*, Albin Michel, 2015.

De Wever P., Duranthon F., *La Valse des continents*, EDP Sciences, 2015.

Deconinck J.-F., *Le Précambrien. 4 milliards d'années d'histoire de la Terre*, De Boeck, 2017.

El Albani A., Macchiarelli R., Meunier A., *Aux origines de la vie. Une nouvelle histoire de l'évolution*, Dunod, 2016.

El Albani A., Macchiarelli R., Meunier A., *Comment tout a commencé sur la Terre. Le récit d'une incroyable découverte*, humenSciences, 2020.

Elmi S., Babin C., *Histoire de la Terre*, 6e éd., Dunod, 2012.

Foucault A., Raoult J.-F., Platevoet B., Cecca F., *Dictionnaire de géologie*, 9e éd., Dunod, 2020.

Gargaud M., Martin H., López-García P., Montmerle T., Pascal R., *Le Soleil, la Terre...la vie. La quête des origines*, Belin, coll. *Pour la science*, 2009.

Gargaud M. et al., *La Plus Grande Histoire jamais contée. Des origines de l'Univers à la vie sur Terre*, Belin, 2017.

Joye M., *Terre. L'histoire de notre planète de sa naissance à sa disparition*, Presses polytechniques et universitaires romandes, 2018.

Mattauer M., *Ce que disent les pierres*, Belin, 1998.

Mauguin B., *Du Big Bang à nos jours*, éditions Apogée, 2005.

Maurel M.-C., *Les Origines de la vie*, Le Pommier, 2017.

Meinesz A., *Comment la vie a commencé,* Belin, 2016.

Meunier A., *La Naissance de la Terre. De sa formation à l'apparition de la vie*, Dunod, 2014.

Michel F., *Dictionnaire illustré de géologie*, Belin, 2016.

Nédélec A., *La Terre et la Vie. Une histoire de 4 milliards d'années*, Odile Jacob, 2022.

Pradal E., Decobecq D., *Au coeur des volcans*, Fleurus, 2004.

Reeves H., *Patience dans l'azur. L'évolution cosmique*, Seuil, 1981.

Reeves H., *Poussières d'étoiles*, Seuil, 1984.

Reeves H., Rosnay J. de, Coppens Y., Simonnet D., *La Plus Belle Histoire du monde*, Points, 2001.

Simien F., *Les Temps géologiques*, éditions BRGM, 2019.

Steyer S., *La Terre avant les dinosaures*, Belin, coll. *Pour la science*, 2009.

版 权 声 明